孩子聪明健康就要这样吃

甘智荣 主编

江苏凤凰科学技术出版社　　凤凰含章

图书在版编目（CIP）数据

孩子聪明健康就要这样吃 / 甘智荣主编 . -- 南京：
江苏凤凰科学技术出版社，2016.6
（含章·生活＋系列）
ISBN 978-7-5537-5421-5

Ⅰ.①孩… Ⅱ.①甘… Ⅲ.①儿童－保健－食谱
Ⅳ.① TS972.162

中国版本图书馆 CIP 数据核字 (2015) 第 227718 号

孩子聪明健康就要这样吃

主　　　编	甘智荣
责 任 编 辑	樊　明　　葛　昀
责 任 监 制	曹叶平　　方　晨

出 版 发 行	凤凰出版传媒股份有限公司 江苏凤凰科学技术出版社
出版社地址	南京市湖南路 1 号 A 楼，邮编：210009
出版社网址	http://www.pspress.cn
经　　　销	凤凰出版传媒股份有限公司
印　　　刷	北京旭丰源印刷技术有限公司

开　　　本	718mm×1000mm　1/16
印　　　张	14
字　　　数	200 000
版　　　次	2016年6月第1版
印　　　次	2016年6月第1次印刷

标 准 书 号	ISBN 978-7-5537-5421-5
定　　　价	32.80元

图书如有印装质量问题，可随时向我社出版科调换。

序言
PREFACE

　　良好的饮食习惯不仅关系着孩子的发育，还会影响孩子一生的健康。为了满足生长发育的需要，儿童必须每天从膳食中获取各种各样的营养物质，若营养物质供给不足或比例失衡，均会影响儿童的正常生长发育。儿童期营养不良不仅影响体格发育和健康状况，更重要的是影响智力发育、学习能力和成年后的劳动效率。因此，父母一定要扮演好"营养师"的角色。在儿童饮食搭配上，应做到品种多样化，特别需要注意色、香、味、形丰富多样，避免儿童因饮食单调而产生偏食，给儿童最均衡的营养补充。

　　本书精选数百道称职父母一定要学会做的儿童营养美食，根据各阶段儿童的发育特点与营养需求科学设计，注重荤素搭配，品种多样化，让儿童每餐都吃得开心、摄入丰富营养。本书将这些美食按营养功效分为开胃消食、健脑益智、保护视力、增强免疫力、补钙增高等类别，方便爸爸妈妈们快速检索。此外，本书还奉送相关科学育儿知识，给爸爸妈妈们最贴心的指导，让您的孩子吃得更好，长得更快、更聪明健康。

目录
CONTENTS

Part1　儿童佳肴面面观

Part2　开胃消食食谱

Part3　健脑益智食谱

Part4　保护视力食谱

Part5　增强免疫力食谱

Part6　补钙增高食谱

Part7　补铁补锌食谱

Part8　安神助眠食谱

PART1

儿童佳肴面面观

如何让孩子健康成长，是每个爸爸妈妈最关心的问题。其实，除了日常的生活照顾，最重要的就是培养孩子健康的饮食习惯。本章根据孩子成长发育中容易出现的问题，给出了饮食方面的详细指导，为每个孩子的健康成长提供帮助。

如何给孩子补铁补锌

由于饮食营养摄入不足、膳食结构不合理等因素，缺铁性贫血和锌缺乏困扰着孩子的健康成长。以下内容从补铁、补锌的常识入手，为家长解说如何给孩子补铁补锌，并提供全面的营养饮食建议。

儿童补铁的注意事项

铁是制造血液中红细胞必不可少的原料，人体内有60%~70%的铁与血红蛋白结合，存在于红细胞里，帮助运输氧气和二氧化碳。

儿童，尤其是婴幼儿正处于生长发育的快速阶段，其身高、体重增长较快，血容量也明显增多，对铁的需求量就相对较多，如不能从膳食中摄取足够的铁来满足生长发育的需要，则易引起缺铁性贫血，从而影响健康。贫血对人体影响很大，主要表现为全身无力、易疲劳、头晕、爱激动、易烦躁、食欲差、注意力不集中、脸色苍白、容易感冒，长期贫血还会对智力和体格的发育造成影响。

铁主要通过食物的摄入来获得，食物中的铁有两种存在形式，即血红素铁和非血红素铁。血红素铁存在于动物性食物中，如动物肝、血、肉类、禽类、鱼类等，其在体内后的吸收也较好，因此，补铁宜首选富含血红素铁的动物肝脏、血和肉类等。非血红素铁存在于植物性食物中，如蔬菜类、粮谷类等，其吸收受植酸、草酸、磷酸及植物纤维的影响，故吸收利用率很低，因此家长在安排膳食时，不仅要看食物中含铁量的多少，更应注重食物中铁的吸收利用率。

维生素C是一种强还原剂，能使食物中的铁转变为能被身体吸收的亚铁，故在进餐的同时食用含维生素C丰富的水果或果汁，可使铁的吸收率提高数倍。为保证铁的供应，要为孩子提供含铁丰富的食物、足够的蛋白质及含维生素C丰富的新鲜蔬菜和水果。

儿童在补铁时应注意以下几点。

（1）我们提倡母乳喂养。因为母乳中铁的吸收率高于牛奶，可达50%，而牛奶中铁的吸收率仅为10%。

（2）断奶的过渡阶段要及时添加辅助食品。婴儿出生时从母体带来的铁，在4~5个月后已基本耗尽，以后就需要依靠外源性辅食来加以补充，可根据不同月龄、不同生理特点来及时补铁。如2~3个月即可在哺乳后加喂含维生素C丰富的橘汁或橙汁，以促进铁的吸收；4~5个月开始添加含铁丰富的配方奶及铁强化米粉，尤其是配方奶，不要轻易断掉；6~7个月就可在粥、面内添加富含血红素铁的动物性食物，如鱼泥、肝泥、动物血等。另外，还应供给含维生素C丰富的新鲜蔬菜和水果。

（3）缺铁儿童不宜饮用咖啡和茶，因为咖啡和茶叶中的鞣酸会影响食物中铁的吸收；也不要在进餐时或餐后立刻服用抗生素、抑制胃酸的药物及碳酸钙之类的钙剂，因为这些药物可抑制食物中铁的吸收。

（4）有贫血症状的儿童应在医生的指导下补充铁制剂。

儿童补锌的注意事项

常听人说缺锌对孩子的健康有很大影响，那么，锌对儿童到底有多重要？缺锌的常见表现又有哪些呢？

第一，锌能促进儿童的生长发育。处于生长发育期的儿童如果缺锌，会导致发育不良。锌缺乏严重时，将会导致"侏儒症"和智力发育不良。第二，锌能维持儿童的正常食欲。缺锌会导致味觉下降，出现厌食、偏食甚至异食。第三，锌能增强儿童免疫力。锌元素是免疫器官胸腺发育的营养素，只有锌量充足才能有效保证胸腺发育，正常分化T淋巴细胞，促进细胞免疫功能。第四，锌能促进创伤的愈合。补锌剂最早被应用于临床就是用来治疗皮肤病的。第五，锌会影响维生素A的代谢和正常视觉。锌对眼睛有益，就是因为锌有促进维生素A吸收的作用。维生素A的吸收离不开锌。维生素A平时储存在肝脏中，当人体需要时，维生素A被输送到血液中，这个过程是靠锌来完成"动员"工作的。

既然锌对孩子的健康如此重要，那么该如何给孩子补锌？在孩子平时的饮食中，尽量避免长期吃精制食品，饮食注意粗细搭配；已经缺锌的儿童必须选择服用补锌制剂，为了有利于吸收，口服锌剂最好在饭前1～2小时服用；补锌的同时应增加蛋白质摄入及治疗缺铁性贫血，可使锌缺乏改善更快。选择药剂时，应遵医嘱，不可自行盲目实施。

还应注意的是，儿童体内锌过量会有诸多危害，因此不可盲目补锌。锌是参与免疫功能的一种重要元素，但是大量的锌能抑制吞噬细胞的活性和杀菌力，从而降低人体的免疫功能，使人体的抗病能力减弱，而对疾病易感性增加。过量的锌还会抑制铁的利用，致使铁参与造血机制发生障碍，从而使人体发生顽固性缺铁性贫血。在体内高锌的情况下，即使服用铁制剂，也很难使贫血治愈。所以，孩子若服用无机锌和有机锌来补锌，必须定期化验血锌及发锌。同时，长期大剂量摄入锌可诱发人体的铜缺乏，从而引起心肌细胞氧化代谢紊乱、单纯性骨质疏松、脑组织萎缩、低色素小细胞性贫血等一系列生理功能障碍。

如何给孩子补钙增高

钙是构成骨骼最重要的物质。人体从饮食和营养品中吸收的钙，经过成骨细胞的作用，沉积在骨骼上，以保证骨骼强壮有力。但是，骨骼并非一旦形成，就再也不会改变了。随着年龄的增加，孩子对钙的需求也逐渐增加。如果不在日常的饮食上予以及时补充钙质，将给孩子的身体成长带来诸多问题。

如何补钙

缺钙的表现各种各样，家长应学会根据孩子的表现判断其是否缺钙，以便及时提供含钙丰富的食物。那么怎么补钙呢？补钙的方式有两种，服用钙剂和饮食补钙。最常用、最传统的补钙食物莫过于奶类及奶制品，这类食物不仅含钙丰富，而且容易吸收。奶和奶制品还含有丰富的矿物质和维生素，其中的维生素D可以促进钙的吸收和利用。酸奶是非常好的补钙食品，它不仅可以补钙，还可以调节肠道功能，适合于各类人群。对不喜欢喝牛奶或者对乳糖不耐受的人来说，可以多食用一些含钙食物，如牡蛎、紫菜、白菜、西蓝花、大头菜、青萝卜、包菜、小白菜等。不过，补钙也应适量，过量则有害。一定要在监测骨钙的基础上补钙才安全，且应以食补为主。

儿童怎么吃才长得高长得好

虽然钙是让骨骼结实、促进身体长高的重要物质之一，但仅仅重视补钙是不利于孩子全面成长的。促进孩子生长发育除了需要钙质外，还需要有助增长肌肉的蛋白质、促进成长的维生素、能清除体内垃圾的膳食纤维、能预防贫血的铁。那么，如何吃，才能让孩子长得高、长得好呢？应注意以下问题：

（1）尽量少食加工食品，如零食、点心等。因为这些食品大多含有日常饮食中并不缺乏的碳水化合物、脂肪，而缺少儿童生长所必需的微量元素、维生素，并且其多含有色素、香精、增稠剂及其他食品添加剂等。这些不仅会造成儿童食欲低下、贫血，还会加重儿童尚未发育成熟的肝、肾的负担，导致儿童内分泌受到影响，或早熟，或肥胖，从而影响生长发育。

（2）尽可能保持营养均衡。尽量使儿童的饮食均衡，避免偏食、挑食、厌食等，保证儿童免疫系统得到相应营养物质的滋养，增强免疫力，防止哮喘、支气管炎、过敏、感冒、皮肤瘙痒等疾病的发生。

最佳儿童健脑营养素

　　儿童想要益智健脑，不能单单靠某一种食物，也不能只摄入某一种营养成分，而是应该使身体达到一种平衡的营养状态。有效的健脑方法是摄入对大脑有益的含有不同营养成分的食物，并进行合理搭配，以增强大脑的功能，使大脑的灵敏度和记忆力增强，确保脑功能正常发挥。以下将介绍十一种最佳健脑营养素及相对应的健脑食物。

❶ 脂肪：脂肪是健脑的首要物质，在发挥脑的复杂、精巧功能方面具有重要作用。给脑提供优良丰富的脂肪，可促进脑细胞发育和神经纤维髓鞘的形成，并保证它们的良好功能。补充脂肪的最佳食物有芝麻、核桃仁、动物食品和坚果类等。

❷ 蛋白质：蛋白质是智力活动的物质基础，是控制脑细胞的兴奋与抑制过程的主要物质，在记忆、语言、思考、运动、神经传导等方面有重要作用。补充蛋白质的最佳食物有瘦肉、鸡蛋、豆制品、鱼类、贝类等。

❸ 碳水化合物：碳水化合物是脑活动的能量来源。碳水化合物在体内分解为葡萄糖后，即成为脑的重要能源。食物中的碳水化合物含量已可以基本满足机体的需要。补充碳水化合物的最佳食物有杂粮、糙米等。

❹ 钙：钙是保证脑持续工作的物质。钙可保持血液呈弱碱性的正常状态，防止人变成酸性易疲劳体质。充足的钙可促进骨骼和牙齿的发育，并抑制神经的异常兴奋。钙严重不足可导致性情暴躁、多动、抗病力下降、注意力不集中、智力发育迟缓甚至弱智。补充钙质的最佳食物有牛奶、海带、骨汤、鱼类、紫菜、野菜、豆制品、虾皮等。

❺ B族维生素：B族维生素是智力活动的助手。B族维生素包括维生素B_1、维生素B_2、维生素B_6、叶酸等。B族维生素严重不足时，会引起精神障碍，易烦躁，思想不集中，难以保持精神安定，易引发心脏、皮肤或黏膜疾患。补充B族维生素的最佳食物

有香菇、野菜、黄绿色蔬菜、坚果类等。

❻ 维生素C：维生素C可使脑细胞结构坚固，在清除脑细胞结构的松弛与紧张状态方面起着重要作用，使身体的代谢机能旺盛。充足的维生素C可使大脑功能灵活、敏锐，并能提高智商。补充维生素C的最佳食物有红枣、柚子、草莓、西瓜、黄绿色蔬菜等。

❼ 维生素A：维生素A是促使脑发达的物质。维生素A可促进皮肤及黏膜的形成，使眼球的功能旺盛，促进大脑、骨的发

育。维生素A严重不足时，易发生夜盲症等眼球疾患，亦可导致智力低下。补充维生素A的最佳食物有鳝鱼、黄油、牛奶、奶粉、胡萝卜、韭菜、橘类等。

❽ 维生素E：维生素E是保持脑细胞活力的物质。维生素E有极强的抗氧化作用，可防止脑内产生过氧化脂肪，并可预防脑疲劳。维生素E严重不足时，会引起各种类型的智能障碍。补充维生素E的最佳食物有红薯、核桃、肝、黄油等。

❾ 胡萝卜素：胡萝卜素可防止智力缺陷。食用富含胡萝卜素的食物可防止记忆衰退及其他神经功能损害。胡萝卜素是抗氧化剂，它还可以防治智力缺陷。富含胡萝卜素的食物有：上海青、荠菜、苋菜、胡萝卜、西蓝花、红薯、南瓜、黄玉米等。

❿ 矿物质：矿物质是人体内无机物的总称，矿物质和维生素一样，是人体必需的元素。矿物质是人体无法产生、合成的，

孩子每天矿物质的摄取量也是基本确定的，但随年龄、性别、身体状况、环境等因素有所不同。人体必需的物质有钙、磷、钾、钠等宏量元素，铁、锌、铜、锰、钴、钼、硒、碘、铬等微量元素。人体内矿物质含量过高可引起机体中毒，过低可明显地使人智力下降，因此，矿物质的补充应维持在一个健康平衡状态。补充矿物质的最佳食物有牛肉、干酪、海产品、羊肉、动物肝、果仁、花生酱、猪肉、禽肉、蔬菜和全谷粉等。

⓫ 水：儿童活泼好动，需水量高于成年人，如果水的摄入量不足，会影响机体代谢及体内有害物质的排出，影响脑部和身体的健康发育。因此，水也是健脑营养素中十分重要的一种。如果运动量大，出汗过多，还要增加饮水量。这里讲的水的摄入量不只是指喝进去的水量，而是指喝入的水量加上吃进的食物中的含水量的总和。

增强免疫力的食物

免疫力是指机体抵抗外来病菌的侵袭、维护体内环境稳定性的能力。空气中充满了各种各样的微生物：细菌、病毒、支原体、衣原体、真菌等。孩子在免疫力不足的情况下，根本无法抵御各种外来病菌的侵袭，造成频繁生病。通过日常饮食调理是提高人体免疫能力最理想的方法。在平时的饮食中，应给孩子食用以下食物，以有效提高孩子的免疫力。

❶ 胡萝卜：儿童在生长过程中要比大人需要更多的胡萝卜素。胡萝卜素具有保护儿童呼吸道免受感染、促进视力发育的功效，缺乏维生素A的儿童容易患呼吸道感染。胡萝卜中含有大量的胡萝卜素，若经常食用，十分有益于儿童的健康。用胡萝卜做菜时最好先将其切碎，或蒸、煮后再弄碎，或捣成糊，以帮助儿童更好地吸收胡萝卜的营养。

❷ 小米：小米中含有丰富的B族维生素，虽然脂肪含量较低，但大多为不饱和脂肪酸，而B族维生素及不饱和脂肪酸都是生长发育必需的营养物质，特别是不饱和脂肪酸，对儿童的大脑发育有益处。

❸ 黑木耳：如果经常食用黑木耳，可将肠道中的毒素带出，净化儿童肠胃；还可降低血黏度，防止发生心脏病。现今，很多儿童体重超重，血脂偏高，应多吃黑木耳，这对日后的健康大有益处。

❹ 蘑菇：蘑菇属于益菌类食品，含有多种氨基酸和酶，特别是香菇中含有香菇多糖，它可抑制包括白血病在内的多种恶性肿瘤。常吃蘑菇或喝蘑菇汤可提高人体的免疫功能，不易患呼吸道感染，还可净化血液中的毒素，对预防小儿白血病很有帮助。不过，吃香菇时最好先用开水焯一

下，这样可以避免刺激儿童娇嫩的胃。蘑菇保存不当容易发霉，最好放在通风干燥处。

❺ 西红柿：西红柿中含有大量的维生素C，从而提高儿童的抗病能力，减少呼吸道感染的发病率。当儿童的皮肤受到过多日晒或紫外线灼伤时，多吃熟西红柿，还可以帮助皮肤组织快速修复。除此之外，大脑发育很需要维生素B_1，而西红柿中维生素B_1的含量十分丰富，儿童多吃些西红柿可促进脑发育。

让孩子开胃的方法

胃口不好的孩子常常不好好吃饭、一顿饭要吃上很长时间，即便家长喂饭，下咽也很困难。遇上这类孩子，家长总是特别羡慕别人家那些大口大口吃饭、吃得又快又多的孩子，可狠心让孩子饿一顿的方法用多了也不利于健康。孩子胃口不好，家长不妨试试下列方法。

刺激孩子产生饥饿感

孩子身体健康，身高、体重标准，平时很少生病，就是吃饭慢、吃得不香，家长可以通过增加孩子的运动量、多进行户外活动来刺激孩子的饥饿感。孩子感觉饿了，吃饭时就不会挑挑拣拣，而是感觉饭菜吃着特别香。千万不能在吃饭前给孩子吃零食，如吃饭前给孩子吃了点心或喝了牛奶，到了吃饭时孩子感觉不到饥饿，自然吃饭就不香了。

通过食物调理改善生病孩子的胃口

如果孩子原来吃饭很好，因为生病吃药而影响了胃口，家长可以通过食物的调理改善孩子的状况。先观察孩子的舌苔，如果偏白，说明孩子体内寒重，家长可以打一个鸡蛋放入碗中，搅散放一边，然后在小锅里放半碗水、2~3片生姜、小半勺红糖，烧开5分钟后，用滚烫的生姜红糖水去冲鸡蛋，冲出的鸡蛋羹在每天早晨让孩子起床后空腹喝上一小碗，能起到暖胃、祛寒、滋养被药物损伤的胃肠黏膜的作用，帮助胃肠功能恢复。如果孩子的舌苔偏黄，舌苔底下的舌质偏红，说明孩子内热重、积食、消化不良，家长可以到药店里买炒制后的鸡内金，碾成粉，在饭前半小时给孩子吃上一小勺，也能起到开胃、消食、助消化的作用。吃上几天，孩子的胃口就开了，吃饭就会恢复如初。

在平时的饮食中添加温补的食材

对长得瘦小、面色发黄的孩子，可以通过健胃补脾的方式让孩子吃得香。取一段山药切成块，放到粉碎机里，再放一些水，打碎成糊后倒入锅中搅拌煮熟后就可以给孩子吃了。食用这些温补的食材可以帮助孩子健脾胃、滋养身体。不过要注意的是，扁桃体常常发炎的孩子不适合用此方法。

适量食用药膳

专门给孩子制作的固元膏有改善食欲低下等症状的作用。家长可以每天给孩子吃1~2次，每次小半勺。

如何让孩子拥有好视力

0～7岁是孩子身体各方面发育的关键时期，如这个时期因某种原因造成双眼视物障碍，视细胞就得不到正常的刺激，视功能就停留在一个低级水平，双眼视力低下，不能矫正，形成弱视；若只能用一眼视物，不能注视的另一眼发育迟缓，就形成了单眼弱视。弱视在视觉发育期间均可发生，多在1～2岁就开始。弱视发病愈早，其程度就越重，父母应予以注意。

儿童视力的检测方法

居家测查孩子的视力可分为3个阶段：在孩子2岁以内用客观观察法，请记住这样的检查口诀：1月怕来2月动（怕指怕光，动指随大人的活动转动眼球）；4月摸看带色物；6月近物能抓住；8月存在跟随目（大人手指到哪儿，孩子眼光看到哪儿，并凝视不动）；1岁准确指鼻孔；2岁走路避开物。除此，4～7个月的孩子，如果视力存在问题，爬行和玩玩具的动作通常比同龄的孩子缓慢、准确度低，显得有些笨手笨脚。孩子3～5岁可用手势、动物形象视力表检查，但需注意的是，父母要早一些在家中耐心教会孩子认识视力表，并要反复测查，否则会影响结果的准确性。孩子5岁以上用成人视力表检查，这时都能合作测出视力。一般可从2岁开始测视力，中国儿童不同年龄段正常视力为：2岁视力为0.4～0.5，3岁为0.5～0.6，4岁为0.7～0.8，5岁为0.8～1.0，6岁为1.0或以上。如果按上述方法检测，发现孩子的视力有问题，应及时诊察和治疗。当父母用手捂住孩子一只眼睛，孩子高兴大笑或挣扎反抗，而捂另一只眼睛却没有反应时，说明这一只眼视力有问题，应带孩子立即去看眼科医生。

保护孩子视力的方法

现代医学研究表明，合理补充眼睛所需的营养素对保护眼睛非常重要。所以，眼科专家建议，对有眼疲劳的儿童要注意饮食和营养的平衡，平时多吃些粗粮、杂粮、蔬菜、薯类、豆类、水果等含有维生素、蛋白质和纤维素的食物。眼睛过干、缺乏黏液滋润、易产生眼睛疲劳的现象，与维生素A或β-胡萝卜素和黏液的供给有很大的相关。维生素B6、维生素C及锌的补充可帮助解决眼睛干燥的问题。另外，黑豆、核桃、枸杞、桑葚等合理配用，也能成为治疗或防止眼干涩、疲劳的食疗方法。

PART2

开胃消食食谱

　　小儿厌食症是指在比较长的时间里（一般超过2个月），孩子出现食欲减退或拒食的症状，属于消化功能紊乱症的一种。家长一旦遇到自己的孩子出现厌食的毛病，首先应注意排除全身性疾病，并应仔细考虑一下照顾孩子的过程中有无失误之处；然后再从饮食上予以考虑，解决孩子厌食、不消化等问题。

0~1岁婴儿

0~1岁的婴儿虽然所食用的食品的种类不多，但对营养的需求十分旺盛。这个阶段的婴儿口腔狭小，唾液分泌少，乳牙正处于萌出阶段。胃容量在不断增长的过程中，胃肠道的消化酶的分泌及蠕动能力也很弱。而处于厌奶期的宝宝通常喝奶量骤减，有时甚至一两餐完全不吃，常常让家长很担心。其实，只要宝宝的精神状态和体重增长正常则不用过于担心。平时可给孩子添加适量具有开胃消食功效的辅食，以保证孩子的健康成长。

豆腐肉丸

材料

豆腐1块，猪肉50克

调料

淀粉、葱末各少许

做法

❶ 豆腐洗净，沥干水分；猪肉洗净，剁蓉。

❷ 将猪肉放入容器内，加淀粉揉匀，撒上葱末，从虎口挤出小肉丸。

❸ 豆腐放入碗中，将挤好的肉丸放置其上，再将碗放入蒸笼蒸熟即可。

白粥

材料

大米150克

调料

糖浆少许

做法

❶ 大米洗净，备用。

❷ 将电饭锅中加入适量的水，水沸后倒入大米煮成粥。

❸ 加糖浆拌匀，待凉即可。

蛤蜊清汤

材料

蛤蜊300克

调料

蒜头5克，盐15克，小葱20克

做法

1️⃣ 蛤蜊洗净外壳，在盐水里泡约3小时，让其吐尽体内脏物。

2️⃣ 蒜头清洗后剁碎。

3️⃣ 小葱切成3厘米左右的段。

4️⃣ 净锅里放入蛤蜊与水，以大火煮至沸腾，转中火再煮5分钟。

5️⃣ 煮至蛤蜊开口时，放入小葱、蒜泥，用盐调味后再煮一会儿即可。

银耳橘子汤

材料

红枣5颗，橘子半个，银耳75克

调料

冰糖30克

做法

1️⃣ 银耳泡软，洗净去硬蒂，切小片；红枣洗净；橘子剥开取瓣状。

2️⃣ 锅内倒入450毫升水，再放入银耳及红枣一同煮开后，改小火再煮30分钟。

3️⃣ 待红枣煮开入味后，加入冰糖拌匀，最后放入橘子略煮即可熄火。

23

红枣桂圆粥

材料

香米、糙米各100克，红枣、桂圆干各50克

调料

冰糖适量

做法

1. 香米、糙米均洗净，浸泡20分钟；桂圆干洗净；红枣去核，洗净备用。
2. 电饭锅洗净，倒入香米、糙米，加适量清水烧开，放入红枣、桂圆干，改小火炖煮15分钟。
3. 加入冰糖搅拌至溶化，盛出即可。

水果拌饭

材料

大米150克，草莓、猕猴桃、香蕉、芒果各适量

调料

糖浆少许

做法

1. 大米用水淘洗净；草莓去蒂，洗净切丁；猕猴桃、香蕉、芒果均洗净，切丁。
2. 锅注水，倒入大米烧开，下入各式水果煮熟。
3. 加入糖浆拌匀即可。

香菇蔬菜面疙瘩

材料

面粉、蛋液各150克，香菇2朵，白菜20克，胡萝卜丝少许

调料

高汤600毫升

做法

1. 香菇洗净，泡发后切细丁；白菜洗净，撕小片。
2. 将面粉中加入蛋液揉匀，捏成一个个小面团。
3. 锅中倒入高汤，下入面团、香菇、白菜、胡萝卜丝煮熟即可。

冬瓜煮碎肉

材料

猪肉100克，冬瓜200克

调料

盐少许

做法

❶ 猪肉洗净，切细；冬瓜去皮去瓤，洗净切小块。

❷ 锅中倒入适量清水，下猪肉、冬瓜煮沸，改小火炖至熟烂。

❸ 加盐调味即可。

猪肝蔬菜粥

材料

香米100克，猪肝50克，菠菜1棵

调料

盐少许

做法

❶ 香米洗净，浸泡一会儿，捞出沥干；猪肝洗净，切末；菠菜掐去根部，洗净切细。

❷ 电饭锅注入水，倒入香米、猪肝煮熟，放菠菜后，改小火，边煮边搅动。

❸ 待熟后加盐调味，取碗盛出即可。

苹果胡萝卜牛奶粥

材料

苹果、胡萝卜各25克，牛奶100毫升，大米100克

调料

白糖5克，葱花少许

做法

❶ 胡萝卜、苹果洗净切小块；大米淘洗干净。

❷ 锅置火上，注入清水，放入大米煮至八成熟。

❸ 放入胡萝卜、苹果煮至粥将成，倒入牛奶稍煮，加白糖调匀，撒上葱花便可。

小鱼丝瓜面线

材料

小鱼仔50克，丝瓜、面线各30克

调料

高汤500毫升

做法

❶ 小鱼仔洗净；丝瓜去皮洗净，切成小段；面线洗净，泡软，切成短段。

❷ 锅中倒入高汤，烧热，放小鱼仔烧开。

❸ 将丝瓜、面线一起下入锅中煮熟，盛出待凉即可。

芋头米粉汤

材料

芋头70克，粗米粉50克，芹菜少许

调料

大骨汤350毫升

做法

❶ 芋头洗净切丁；粗米粉洗净，浸泡10分钟；芹菜洗净切末。

❷ 锅上火烧热，倒入大骨汤，下芋头煮软，倒入粗米粉煮熟。

❸ 撒入芹菜，焖煮2分钟即可。

豆浆蒸蛋

材料

蛋黄2个，黄豆200克

调料

盐少许

做法

❶ 黄豆洗净，泡发1小时，捞出后，放入豆浆机中打细。

❷ 将磨好的豆浆放入碗中，倒入蛋黄，加盐搅匀。

❸ 将碗放上蒸笼，大火蒸10分钟，取出即可。

2~3岁幼儿

厌食症多发生在5岁以下的小孩身上，2~3岁最多。小儿厌食的常见原因有喂养不当、生活环境改变、精神紧张、药物影响、疾病影响等。厌食时间过长会导致患儿营养不良、身体衰弱、抵抗力下降，这样就更容易引发其他疾病，造成不良后果。所以，孩子一旦出现厌食问题，需谨慎对待。

猕猴桃汁

材料

猕猴桃3个，柠檬1/2个，冰块1/3杯

做法

❶ 猕猴桃用水洗净，去皮，每个切成4块。

❷ 在果汁机中放入柠檬、猕猴桃和冰块，搅打均匀。

❸ 把猕猴桃汁倒入杯中，装饰柠檬片即可。

哈密瓜奶

材料

哈密瓜100克，鲜奶100毫升，矿泉水少许

调料

蜂蜜5克

做法

❶ 将哈密瓜去皮、籽，放入榨汁机中榨汁。

❷ 将哈密瓜汁、鲜奶放入榨汁机中，加入矿泉水、蜂蜜，搅打均匀。

薏米墨鱼鲜汤

材料

西蓝花80克，墨鱼、薏米各50克

调料

高汤600毫升，盐适量

做法

① 西蓝花洗净，切小朵；墨鱼洗净，切丁，烫熟；薏米浸泡完全。

② 将薏米加入高汤中煮至软，加入西蓝花煮熟软。

③ 放凉后连汤汁一起倒入搅拌机中搅打成糊状，倒回锅中加入墨鱼和盐煮熟即可。

五彩黄瓜卷

材料

黄瓜300克，土豆200克，红椒100克，胡萝卜200克，青椒100克，圣女果1个

调料

盐3克，醋适量，鸡精2克，香油适量

做法

① 黄瓜洗净切段，沿着黄瓜皮削好黄瓜片；胡萝卜、土豆均去皮洗净，切丝；青椒、红椒均去蒂洗净，切丝；圣女果洗净，对切。

② 锅内注水烧开，分别将胡萝卜、土豆、青椒、红椒焯熟，捞出沥干水分，用盐、鸡精、醋、香油拌匀，均匀地卷入黄瓜皮中，摆好盘。

③ 用少许青椒丝、红椒丝、圣女果装饰即可。

鱼酱西芹百合

材料

西芹、鲜百合各100克，黄瓜50克

调料

糖10克，盐5克，鱼酱50克

做法

① 西芹、黄瓜洗净切段；鲜百合洗净剥瓣。

② 锅中油烧热，放入吞拿鱼酱稍炒，再放入西芹、百合、黄瓜炒匀。

③ 调入盐、糖炒1分钟至熟即可出锅。

泰式炒蛤蜊

材料

蛤蜊400克

调料

辣椒酱50克，茄汁30毫升，咖喱粉10克，蒜15克，姜10克，水淀粉20克

做法

① 蛤蜊洗净；蒜去皮剁蓉；姜洗净切末。

② 锅中水烧开，放入蛤蜊煮开，捞出沥水。

③ 油烧热，放入蒜蓉、姜末爆香，放入蛤蜊，调入辣椒酱、茄汁、咖喱粉炒匀，用水淀粉勾芡即可。

蟹子滑蛋虾仁

材料

蟹子200克，虾仁250克，鸡蛋3个

调料

盐3克，生抽、料酒各适量，葱少许

做法

① 蟹子放入沸水中浸泡片刻，捞起控水；虾仁用盐、生抽、料酒腌渍备用；鸡蛋打散；葱洗净，切花。

② 将腌渍好的虾仁放入蛋液中，撒上葱花拌匀。油锅烧热，下虾仁、鸡蛋、蟹子滑炒。

③ 炒至熟后，起锅装盘即可。

豆干水饺

材料

水饺皮300克，豆干条、猪瘦肉各适量

调料

盐、酱油、葱末、醋、蒜蓉各适量

做法

❶ 豆干条洗净，切细丁；猪瘦肉洗净，切末。

❷ 取容器，放入豆干条、瘦肉、盐、酱油、葱末做成馅；水饺皮铺开，取馅包成饺子。

❸ 将饺子上蒸笼蒸熟，取出放盘中，调醋、蒜蓉、盐成味汁，蘸食即可。

九层塔面线

材料

排骨250克，罗勒茎100克，面线160克

调料

盐适量

做法

❶ 排骨洗净，斩件汆水，用清水冲洗；罗勒茎洗净，做成药包。

❷ 锅中注水，下药包烧开，再下排骨煮上40分钟，取出药包，倒入面线煮熟。

❸ 加盐调味即可。

菠菜牛肉面线

材料

菠菜100克，牛肉50克，面线30克

调料

鸡汤600毫升

做法

❶ 菠菜洗净，切段；牛肉洗净，切成细丝；面线洗净，泡发至软，捞出沥水，切段备用。

❷ 将鸡汤倒入锅中，下入牛肉烧开，放入菠菜煮沸。

❸ 将面线下入，再煮约6分钟即可。

焗烤金枪鱼

材料

金枪鱼100克

调料

奶油20克，蒜泥10克，盐、沙拉酱、番茄酱、西芹末各适量

做法

❶ 金枪鱼洗净，切大片。

❷ 烤盘上铺锡箔纸，刷上奶油，铺上蒜泥、金枪鱼片，撒上盐、沙拉酱和番茄酱。

❸ 将烤盘放入烤箱烤至表面上色，撒上西芹末，再烤10分钟即可。

红烧鱼排

材料

金枪鱼200克，菠菜100克

调料

奶油、糖、酱油、淀粉各适量，蒜20克

做法

❶ 金枪鱼洗净，切片；菠菜洗净，切小段，入沸水汆烫捞起；蒜去皮，洗净，切末。

❷ 将蒜末和菠菜拌匀，放入盘中。

❸ 热锅烧油，放入奶油至溶化，放入金枪鱼煎至两面金黄，加入糖、酱油和水煮开，以淀粉勾芡，出锅装入有菠菜的盘中即可。

椰香鲜虾

材料

鲜虾400克，椰奶适量

调料

盐3克，葱20克，大蒜20克

调料

❶ 将鲜虾洗净，切去虾须；葱洗净切碎；大蒜洗净切片。

❷ 锅中注水烧沸，放入鲜虾汆烫片刻，捞起沥干水。

❸ 净锅上火，倒油加热，放入大蒜爆香。

❹ 再放入虾、葱，调入盐、椰奶炒熟即可。

银耳山楂粥

材料

银耳30克，山楂20克，大米80克

调料

白糖3克

做法

① 大米用冷水浸泡半小时后，洗净，捞出沥干水分备用；银耳泡发洗净，切碎；山楂洗净，切片。

② 锅置火上，放入大米，倒入适量清水煮至米粒开花。

③ 放入银耳、山楂同煮片刻，待粥至浓稠状时，调入白糖拌匀即可。

鲑鱼意大利面

材料

鲑鱼、意大利面各150克，口蘑、洋葱片各40克

调料

盐、酱油各少许

做法

① 鲑鱼洗净，加盐腌渍入味，放烤箱烤熟，取出撕片；口蘑洗净撕片。

② 锅入水烧开，下入意大利面煮熟，捞出沥干。

③ 净锅注油烧热，放口蘑、洋葱片炒香，下鲑鱼、盐、酱油炒匀，与意大利面一起放入盘中，拌匀即可。

奶油蛋糕

材料

全蛋、奶油各200克，鲜奶160毫升，低筋面粉、玉米粉各30克，果胶少许

调料

细砂糖、柠檬汁各适量

做法

① 鲜奶、柠檬汁倒入汤锅加热；全蛋打入融化的奶油中拌匀，再倒入汤锅中煮至无颗粒的浓稠状。

② 起汤锅，用刮刀盛入钢盆中，加入低筋面粉、玉米粉、细砂糖揉成面糊。

③ 将面糊装入蛋糕模具中，放入预热的烤箱中，以隔水加热的方式蒸烤1小时，取出后趁热抹上果胶，冷藏至完全冰凉即可切块食用。

胡萝卜蛋糕

材料

低筋面粉200克，全蛋150克，色拉油、鲜奶各100毫升，胡萝卜丝、核桃仁各少许

调料

红糖100克，盐、泡打粉、肉桂粉各适量

做法

① 核桃仁切碎，备用；钢盆洗净沥干，打入全蛋，加盐、红糖搅成浓稠状，再倒入低筋面粉、泡打粉、肉桂粉拌匀。

② 色拉油加热，倒入钢盆中，加入鲜奶、胡萝卜丝、核桃仁轻轻搅拌至均匀柔软的面糊。

③ 将面糊装在模型中，将烤箱调至200℃，烤20分钟，取出待凉，脱模即可食用。

甜薯挞

材料

红薯200克，奶油100克，蛋黄适量

调料

细砂糖、肉桂粉各适量

做法

❶ 红薯去皮洗净，切片后放入蒸锅蒸熟烂，取出放入碗中待凉，用汤匙碾碎。

❷ 将奶油、蛋黄、细砂糖、肉桂粉依序放入碗中，刮拌至光滑细致，装入裱花袋中。

❸ 再将糊挤到铝箔膜中，放入烤箱，烤约7分钟即可。

杏仁奶酪

材料

胶冻粉、杏仁粉各30克，杏仁露10毫升，牛奶700毫升

做法

❶ 牛奶与水拌匀加热，熄火后加入胶冻粉拌至完全溶解。

❷ 加入杏仁粉和杏仁露拌匀。

❸ 倒入冻杯中静置，待其凝固再冷藏即可。

手指饼干

材料

鸡蛋30克，低筋面粉80克

调料

糖65克，香草粉10克

调料

❶ 低筋面粉和香草粉混合，过筛两次备用。

❷ 将蛋清和蛋黄分开，将部分糖与蛋黄搅拌至糖溶解。

❸ 蛋清和剩下的糖打发，加入蛋黄液，再加入筛好的面粉拌匀成面糊，放入烤盘挤成条状，烤熟即可。

草莓慕斯蛋糕

材料

打发奶油250克，草莓200克，糖水150毫升，市售蛋糕1个，吉利丁片少许

调料

柠檬汁适量

做法

1. 草莓去蒂洗净，取一部分切丁，其余的与糖水一起放入果汁机中搅打均匀，倒入钢盆，加柠檬汁调味。
2. 吉利丁片隔水融化，与打发奶油一起倒入钢盆中，拌至浓稠状，即成草莓慕斯馅。
3. 将一片蛋糕与草莓慕斯馅层叠码入模型中，撒入草莓丁抹平，放入冰箱冷冻至硬，脱模即可。

蜜汁小瓜山药

材料

云南小瓜400克，山药300克，红枣40克

调料

蜂蜜适量

做法

1. 将云南小瓜、山药去皮洗净，切丁；红枣洗净，去核备用。
2. 烧沸适量清水，放入小瓜、山药焯烫片刻，捞起，沥干水。
3. 接着把小瓜、山药、红枣放入碗中，再放入锅中蒸熟。
4. 最后调入适量蜂蜜，搅匀即可。

4~7岁学龄前儿童

　　厌食的孩子应多吃清淡、容易消化的食物，要注意粗粮和杂粮的摄取，如玉米、麦片、麸皮等，以促进肠蠕动，增强食欲，改善胃口。饮食可选择绿豆、白扁豆、西瓜、荔枝、莲子、荞麦、大枣、鸭肉、牛奶、鹅肉、豆浆、梨等。经常食用荷叶粥、薄荷粥、百合粥等，也是不错的开胃消食方法。

西瓜黑枣汁

材料

西瓜400克，黑枣20克

调料

柠檬汁少许

做法

❶ 西瓜洗净，切块去籽；黑枣去蒂洗净，切开去核。

❷ 将西瓜、黑枣、柠檬汁放入果汁机内，搅打均匀。

❸ 倒入杯中即可。

红椒全鱼

材料

鱼500克，红椒丝少许

调料

盐3克，味精1克，醋10毫升，酱油12毫升，葱白丝、香菜段各少许

做法

❶ 鱼洗净，对剖开，加少许盐、酱油腌渍。

❷ 锅内油烧热，放入鱼翻炒熟，注水，加盐、醋、酱油焖煮。

❸ 煮至汤汁收浓，加入味精调味，起锅装盘，撒上葱白、红椒、香菜即可。

香叶包

材料

鸡腿300克，香茅1根，香兰叶6片

调料

盐2克，黄姜粉3克，鸡精2克，生粉少许

做法

① 鸡腿洗净去骨，切大块；香兰叶洗净，抹干水；香茅洗净切碎。

② 将鸡腿肉放入调味料和香茅碎腌10分钟，鸡腿肉放入香兰叶中包成三角形，用牙签插入。

③ 油烧至八成热，将包好的鸡腿肉放入油锅中炸10分钟即可。

青蒜炒乌鱼

材料

乌鱼300克，青蒜70克，黑木耳2朵

调料

盐、白醋、姜片各适量

做法

① 乌鱼洗净，切块后加白醋腌渍15分钟；青蒜洗净，切斜段；黑木耳洗净，泡发撕片。

② 油锅烧热，放入姜片炝锅，倒乌鱼炒至五成熟，再放入黑木耳、青蒜炒熟，加适量水，焖煮2分钟。

③ 加盐调味即可。

西红柿排骨汤

材料

西红柿1个，黄豆芽300克，排骨600克

调料

盐3克

做法

① 西红柿洗净切块；黄豆芽掐去根须，洗净。

② 排骨切块，入沸水中氽烫后捞出。

③ 将全部材料放入锅中，加适量的水，以大火煮沸，转小火慢炖30分钟，待肉熟烂，汤汁变为淡橙色，加盐调味即成。

蟹柳西芹

材料

西芹300克，蟹柳100克

调料

盐3克，醋5毫升，生抽10毫升，香油适量

做法

① 西芹去叶，洗净后切成菱形块；蟹柳洗净，切斜段。

② 锅内注水，用大火烧开，将西芹、蟹柳分别放入锅中烫熟，捞出沥干备用。将盐、醋、生抽、香油调成味汁。

③ 西芹、蟹柳装盘，西芹叠成塔状，以蟹柳装饰"塔顶"和四周，最后将味汁自"塔顶"淋下即可。

菠萝猪排

材料

生猪排300克，菠萝30克

调料

盐、水淀粉各适量

做法

❶ 生猪排洗净，加入盐腌渍入味；菠萝洗净，取肉切丁。

❷ 将猪排放入烤箱中烤熟，取出放入盘中。

❸ 净锅烧热，倒入少许油，放入菠萝翻炒一会儿，再加入水淀粉勾芡，起锅淋在猪排上即可。

莼菜汤

材料

莼菜1包，草菇50克，鸡蛋1个，冬笋150克，鸡肉50克

调料

鸡汤20毫升，盐3克，胡椒粉2克，生粉15克

做法

❶ 草菇、冬笋、鸡肉均洗净切片，锅中加入清水烧开，分别放入草菇、冬笋、鸡肉焯烫。

❷ 将鸡汤倒入锅中，加入莼菜、冬笋、草菇、鸡肉，调入盐、胡椒粉拌匀煮沸。

❸ 用生粉勾薄芡，再加入鸡蛋清搅匀即可。

金针菇牛肉卷

材料

金针菇250克，牛肉100克，红椒1个，青椒1个

调料

烧烤汁30毫升

做法

① 牛肉洗净切成长薄片；青、红椒洗净切丝备用；金针菇洗净。

② 用牛肉片将金针菇、辣椒丝卷入。

③ 锅中注油烧热，放入牛肉卷煎熟，淋上烧烤汁即可。

蛋挞

材料

奶油200克，低筋面粉300克，蛋奶液适量

调料

糖粉少许

做法

① 奶油软化后，加入低筋面粉、糖粉拌匀，放入袋中冷藏至凝固。

② 取出后放入模型中夯实，并将边缘修整美观，排放在烤盘中。

③ 再倒上蛋奶液，约8分满，放入预热的烤箱中，烤约20分钟即可。

萝卜酥饼

材料

油皮300克，油酥300克，白萝卜500克，虾米10克，蛋黄1个，白芝麻15克 ，黑芝麻15克

调料

盐3克，胡椒粉5克，香油15毫升

做法

① 白萝卜去皮、洗净，刨成丝，加入盐腌渍；虾米泡软，切成末，放入碗中。

② 往做法①中的材料里加入盐、胡椒粉、香油拌匀成馅。

③ 油皮摊开包入油酥，擀成长条形，再卷成长筒状，均分为小块。

④ 面团擀平分别包入馅，刷上蛋黄，再分别沾上白、黑芝麻，放入烤箱，以200℃炉温烤约20分钟即可。

奶油酥饼

材料

油皮200克，油酥200克，牛奶20毫升，黑芝麻10克，白芝麻10克，奶油10克，蛋黄2个，玉米粉15克

调料

细砂糖30克

做法

① 锅中倒入拌匀的玉米粉、细砂糖，加牛奶及冷水搅匀，煮至浓稠，加蛋黄煮开，熄火。

② 加入奶油拌匀成奶黄馅，倒入模型中，待冷却，放入冰箱冷藏成块状。

③ 油皮分别包入油酥，卷成长筒状，均分为小块，擀平，分别包入奶黄馅包裹好，排入烤盘中。

④ 刷上蛋汁，撒上黑芝麻、白芝麻，烤熟即可。

香菇油面筋

材料

油面筋350克，香菇15克，笋片10克，红椒1个

调料

葱段1根，盐、味精、香油、淀粉、高汤各适量

做法

① 将油面筋焯水后倒入漏勺内过凉。

② 炒锅内加油，放入所有材料炒香，加入高汤，烹入香油、淀粉外的调料，烧透。

③ 以淀粉勾芡，淋上香油即可出锅。

草帽饼

材料

面粉250克

调料

盐3克，十三香少许

做法

① 面粉和成面团，擀成饼状。

② 放盐、十三香于面饼表面，将饼对折数次，再揉成面团，擀成饼状。

③ 饼放入烙锅中烙3分钟，至熟即可。

里脊盖浇饭

材料

里脊肉200克，白菜300克，白饭1大碗

调料

盐、料酒、蒜、姜各适量

做法

① 里脊肉洗净，切薄片，用料酒腌渍20分钟；白菜洗净，撕片；蒜、姜均去皮，洗净切丁。

② 起油锅，下蒜、姜炝锅，倒入里脊肉炒至八成熟，倒入白菜炒熟。

③ 加盐调味，起锅倒在白饭上即可。

黄花菜瘦肉粥

材料

干黄花菜50克，猪瘦肉100克，紫菜30克，糯米80克

调料

盐3克，鸡精1克，香油5毫升，葱花6克

做法

❶ 干黄花菜泡发，切小段；紫菜泡发，洗净撕碎；猪瘦肉洗净切末；糯米淘净，泡2小时。

❷ 锅中注水，下入糯米，大火烧开，改中火，下入猪瘦肉、干黄花菜煮至猪瘦肉变熟。

❸ 小火将粥熬好，最后下入紫菜，再煮5分钟后，调入盐、味精调味，淋香油，撒上葱花即可。

火腿菊花粥

材料

菊花20克，火腿肉100克，大米80克

调料

姜汁5毫升，葱汁3毫升，盐2克，白胡椒粉5克，鸡精3克，葱花2克

做法

❶ 火腿洗净切丁；大米淘净，用冷水浸泡半小时；菊花洗净备用。

❷ 锅中注水，下入大米，大火烧开，下入火腿、菊花、姜汁、葱汁，转中火熬煮至米粒开花。

❸ 待粥熬出香味，调入盐、鸡精、白胡椒粉调味，撒上葱花即可。

凤梨酥

材料
凤梨馅600克，低筋面粉500克，奶油350克，蛋液少许

调料
糖粉、奶粉各适量

做法

❶ 钢盆中倒入蛋液，加入糖粉、奶粉、奶油搅打拌匀成奶油糊。

❷ 低筋面粉筛入台面，倒入奶油糊，揉成面团；凤梨馅切丁，用面团包住，捏紧搓圆。

❸ 将搓圆的面团放入模型中，在烤盘上排好，放入预热的烤箱中，烤7分钟即可。

贝壳沙拉

材料
贝壳面250克，西红柿1个，苹果、哈密瓜各适量

调料
优酪乳20克

做法

❶ 西红柿去蒂，洗净切丁；苹果洗净，切丁；哈密瓜去皮，洗净切丁。

❷ 锅入水烧开，放西红柿、贝壳面煮熟，捞出沥水，放入盘中。

❸ 将苹果、哈密瓜倒入盘中，加优酪乳拌匀即可。

火腿青蔬比萨

材料

中筋面粉600克，奶油50克，口蘑片、凤梨片、火腿片、黑橄榄各适量

调料

番茄酱、盐、细砂糖、乳酪丝、酵母水各适量

做法

❶ 中筋面粉筛入到台面上，加入酵母水、奶油、盐搓揉成有弹性的面团，用保鲜膜盖住发酵20分钟，擀成大饼状。

❷ 将大饼在盘中铺好，均匀抹上乳酪丝，再撒上细砂糖、口蘑片、凤梨片、火腿片、番茄酱、黑橄榄。

❸ 将盘放入烤箱内，以200℃炉温烤20分钟，出炉即可。

紫米椰球

材料

紫米、糖炒栗子各适量

调料

白糖、椰子粉各少许

做法

❶ 紫米洗净，浸泡一会儿；糖炒栗子去壳，备用。

❷ 电饭锅上水烧热，倒入紫米煮至熟烂，取出待凉，匀裹在糖炒板栗上，搓成丸子。

❸ 盘中撒上椰子粉，放上丸子滚一圈，再撒上白糖即可。

覆盆子奶酪

材料

鲜奶350毫升，动物性奶油150克，吉利丁少许

调料

冰糖15克，覆盆子果酱、山茱萸汤汁各少许

做法

① 吉利丁用冰水泡软，沥干水分备用。

② 将鲜奶和动物性奶油放入同一锅中，用小火加热至80℃，熄火后加入吉利丁拌至溶化，隔冰水冷却到快要凝结时，导入模型中至八分满，再放入冰箱中凝固定型，制成奶酪备用。

③ 将覆盆子果酱、山茱萸汤汁、冰糖一起煮匀后熄火，分别淋在奶酪上，入冰箱冷藏后即可食用。

果酱奶酥饼

材料

高筋面粉200克，奶油、白油、蛋液各60克，鲜奶20毫升

调料

果酱、糖粉各适量

做法

① 钢盆中放入奶油、白油隔水加热，加糖粉拌匀搅打至乳白色，再分次加入蛋液搅匀，熄火。

② 将鲜奶、高筋面粉一起倒进钢盆中，匀速搅拌成面糊。

③ 将面糊装入裱花袋中，间隔排放在烤盘中，放上果酱，放入预热的烤箱中烤约15分钟即可。

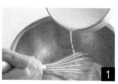

面包布丁

材料

鲜奶200克，鸡蛋2个，朗姆酒10毫升，面包1个，葡萄干、奶油各适量

调料

细砂糖50克

做法

❶ 鲜奶加热，加细砂糖搅拌至溶化，续煮至80℃后熄火。

❷ 将鸡蛋打散，将热鲜奶分次冲入蛋液中拌匀，用筛网滤除杂质，再加入朗姆酒，制成布丁蛋液。

❸ 将面包放入烤皿内，撒上葡萄干，再刷上少许奶油。

❹ 将布丁蛋液倒入烤皿内，放在烤盘上后放入烤箱，并在烤盘中倒入热水至烤皿一半高度，以隔水蒸烤的方式烤约20分钟，至蛋液凝固即可。可趁热食用，或冷藏冰凉后食用。

香蕉棒

材料

香蕉1根，巧克力60克

调料

细砂糖少许

做法

❶ 香蕉去皮，切4段，用叉子串起，放入盘中。

❷ 砂锅注上少许清水，放入巧克力、细砂糖加热至其完全溶化，拌成糖浆，关火。

❸ 将糖浆淋在香蕉上即可。

芋头红薯汤

材料

芋头、红薯各500克，面粉350克

调料

细砂糖适量

做法

① 芋头去皮洗净，切大块；红薯洗净去皮，切厚片；面粉加入细砂糖，用热水调匀。

② 将芋头、红薯分别放进蒸笼中蒸至熟烂，取出后各自加入面粉揉匀。

③ 搓成长段后切成短段。

④ 锅入水烧热，下入芋头、红薯短段煮沸，盛出待凉即可。

玉米碎肉粥

材料

大米100克，玉米粒、猪肉各50克

调料

盐少许

做法

① 大米洗净，浸泡10分钟；玉米粒洗净；猪肉洗净切碎。

② 净锅倒入水烧热，放入大米、玉米粒、猪肉煮熟。

③ 加盐调味，盛碗内即可。

PART3

健脑益智食谱

　　儿童多吃些健脑食物，对发育有利，还可为其之后的学习与生活带来许多益处。所谓健脑食物，一是指必要的结构脂肪；二是指荤素合理搭配；三是指碱性食物，即含有钠、钾、钙、镁等元素的食物；四是指富含乙酰胆碱和核糖核酸的食物。本部分将为您介绍有利于0~7岁者食用的健脑益智食谱。

0～1岁婴儿

婴儿期是脑细胞迅速发育的高峰期，为促进脑部发育，除了保证足够的母乳外，4个月以上的婴儿还需要妈妈为其添加健脑食物，全面补充营养，为婴儿的未来打好基础。蛋黄中的卵磷脂是婴儿大脑发育不可缺少的物质，可制作蛋黄粥食用；动物的脑、心、肝和肾均含有丰富的蛋白质、脂类等物质，是脑发育所必需的物质，有利于婴儿的智力和身体发育。

柏子仁粥

材料
柏子仁适量，大米80克
调料
盐1克
做法
① 大米泡发洗净；柏子仁洗净。
② 锅置火上，倒入清水，放入大米，以大火煮至米粒开花。
③ 加入柏子仁，以小火煮至浓稠状，调入盐拌匀即可。

青豆玉米粉粥

材料
玉米粉、香米各50克，枸杞15克，青豆15克
调料
盐3克
做法
① 香米泡发洗净；枸杞、青豆洗净。
② 锅置火上，放入香米用大火煮沸后，边搅拌边倒入玉米粉。
③ 再放入枸杞、青豆，用小火煮至羹成，调入盐即可食用。

南瓜红豆粥

材料

红豆、枸杞各20克，南瓜1个，大米适量

调料

盐2克

做法

❶ 红豆泡发洗净；枸杞、大米均洗净；南瓜去籽洗净，做成容器状，蒸熟备用。

❷ 锅内注入清水，放入红豆、枸杞、大米一起煮熟，加少许盐，盛入蒸好的南瓜内即可。

鸡蛋玉米羹

材料

玉米浆300毫升，鸡蛋2个

调料

白糖2克，葱15克，鸡油15毫升，菱粉75克，盐、味精各适量

做法

❶ 鸡蛋打散；葱择洗净切花。

❷ 锅置于火上，倒入玉米浆、盐、味精，烧开后，用菱粉勾成薄芡，淋入蛋液。

❸ 调入白糖，再淋入鸡油推匀即可起锅。

肉羹面线

材料

鸡丝面300克，猪里脊肉50克，豌豆面、红葱头末各适量

调料

高汤200毫升，酱油、蒜泥、五香粉、淀粉各适量

做法

❶ 里脊肉洗净切薄片，用酱油、蒜泥、五香粉腌渍。

❷ 取出肉片沾上淀粉，鸡丝面剪小段。

❸ 将高汤煮开，放入肉片煮至熟软，加入鸡丝面、豌豆面与红葱头末煮熟即可。

香菇白菜肉粥

材料

香菇20克，白菜30克，猪肉50克，枸杞适量，大米100克

调料

盐3克，味精1克

做法

❶ 香菇用清水洗净对切；白菜洗净切碎；猪肉洗净切末；大米淘净泡好；枸杞洗净。

❷ 锅中注水，下入大米，大火烧开，改中火，下入猪肉、香菇、白菜、枸杞煮至猪肉变熟。

❸ 小火将粥熬好，调入盐、味精以及少许色拉油调味即可。

螃蟹豆腐粥

材料

螃蟹1只，豆腐20克，白米饭80克

调料

盐3克，味精2克，香油、胡椒粉、葱花各适量

做法

❶ 螃蟹洗净后蒸熟；豆腐洗净，沥干水分后研碎。

❷ 锅置火上，放入清水，烧沸后倒入白米饭，煮至七成熟。

❸ 放入蟹肉、豆腐熬煮至粥将成，加盐、味精、香油、胡椒粉调匀，撒上葱花即可。

黄花鱼火腿粥

材料

糯米80克，黄花鱼50克，火腿20克

调料

盐3克，味精2克，胡椒粉、姜丝、葱花、香油各适量

做法

❶ 糯米洗净，放入清水中浸泡；黄花鱼洗净后切小片；火腿洗净切片。

❷ 锅置火上，放入清水，下入糯米煮至七成熟。

❸ 再放入鱼肉、姜丝、火腿煮至米粒开花，加盐、味精、胡椒粉、香油调匀，撒葱花便可。

鲜鱼粥

材料

大米80克，糯米、糙米各25克，鲑鱼150克，玉米粒70克，鸡胸肉60克，芹菜末适量

调料

盐2克，香菜段适量

做法

❶ 大米、糯米、糙米洗净，用水浸泡1小时，沥干水备用；鲑鱼洗净切小丁；玉米粒洗净；鸡胸肉剁细，加盐抓匀，腌渍半小时；芹菜洗净切末。

❷ 锅中注水，加大米、玉米粒、糯米、糙米、鲑鱼、鸡胸肉，大火煮滚后转小火煮1小时。

❸ 调入盐、芹菜末拌匀，盛入碗中，用香菜装饰即可。

鱼皮饺汤面

材料
鱼皮饺100克，面条150克，生菜30克
调料
葱少许，牛骨汤200毫升
做法
1. 将成品鱼皮饺下开水煮熟待用；葱切成花。
2. 面条下锅煮熟，捞出倒入牛骨汤中。
3. 牛骨汤中加入鱼皮饺、生菜、葱花即成。

蛤蜊炖蛋

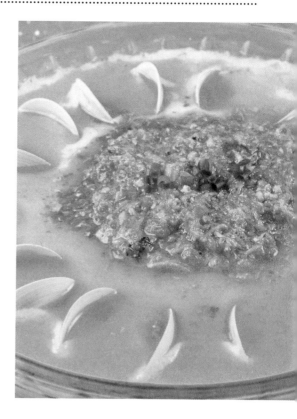

材料
蛤蜊250克，鸡蛋2个，蟹肉80克
调料
盐2克，葱花、蒜蓉各适量
做法
1. 蛤蜊洗净，煮熟；蟹肉洗净，切成碎末。
2. 鸡蛋打入碗中，加少许盐搅成蛋液；将蛤蜊放入蛋液中，放入蒸锅蒸熟，取出。
3. 油锅烧热，下蒜蓉爆香，放入蟹肉翻炒，加盐调味，起锅倒在蒸蛋上，撒上葱花即可。

什锦豆浆拉面

材料

拉面100克，猪肉、豆芽、黑木耳、生菜各
50克，豆浆、白芝麻各适量

调料

盐、高汤、味噌各适量

做法

1 猪肉洗净，切丝；黑木耳、豆芽、生菜洗
净，黑木耳、生菜切小片；拉面切小段，
煮熟后捞出。

2 油锅烧热，加入猪肉、豆芽、黑木耳、生
菜炒熟，加入盐调味后盛出。

3 将豆浆煮开，加入高汤、味噌调味，加入
拉面和炒好的菜煮熟后捞起，撒上白芝麻
即可。

苹果奶麦糊

材料

苹果30克，婴儿麦粉30克，牛奶40毫升

做法

1 苹果洗净，去皮，去籽。

2 用研磨器将苹果磨成泥，过滤出苹果汁
备用。

3 将婴儿麦粉、苹果汁和牛奶一起拌匀即可。

2～3岁幼儿

对2～3岁的幼儿来说，锻炼左半身活动是开发右脑的最好方式，这个时期他们左右脑发育已处于活跃期，可以多鼓励幼儿绘画及多使用左手拿物品，用左耳听音乐，增加左视野游戏等。就食物上来讲，除了可食用0～1岁婴儿的食物外，还可以适量添加稍浓的糊、软饭，锻炼幼儿的咀嚼能力。

冬瓜鲫鱼汤

材料

鲫鱼1尾，冬瓜100克

调料

盐、胡椒粉、香油、味精、葱段、姜片各适量

做法

❶ 鲫鱼洗净；冬瓜去皮洗净，切片备用。

❷ 起油锅，将葱、姜炝香，下入冬瓜炒至断生，倒入水，下入鲫鱼煮至熟，调入盐、味精，再调入胡椒粉，淋入香油即可。

胡萝卜山药鲫鱼汤

材料

鲫鱼1尾，山药40克，胡萝卜30克

调料

盐5克，葱段、姜片各2克

做法

❶ 将鲫鱼洗净；山药、胡萝卜去皮洗净，切块备用。

❷ 净锅上火倒入水，下入鲫鱼、山药、胡萝卜、葱、姜煲至熟，调入盐即可。

胡萝卜鱿鱼煲

材料

鱿鱼300克，胡萝卜100克

调料

花生油10毫升，盐少许，葱段、姜片各2克

做法

① 将鱿鱼洗净切块，氽水；胡萝卜去皮洗净，切成小块备用。

② 净锅上火倒入花生油，将葱、姜爆香，下入胡萝卜煸炒，倒入水，调入盐煮至快熟时，下入鱿鱼再煮至熟即可。

金橘蛋包汤

材料

金橘饼20克，鸡蛋1个

调料

蜂蜜、姜各少许，香油适量

做法

① 金橘饼掰开成小片；姜去皮洗净，切片。

② 锅中倒入适量香油烧热，下姜、金橘饼稍炒，再倒入适量水煮沸。

③ 打入鸡蛋煮至熟，加蜂蜜拌匀即可。

三鲜鱼圆煲

材料

鱼蓉200克，火腿10克，虾仁各50克，菜心300克

调料

盐5克，味精3克，水淀粉15克，清汤、香油适量

做法

① 将火腿切片；菜心洗净；将鱼蓉制成核桃般大小的丸子，煮熟，捞出放入煲中。

② 起油锅，将火腿片、虾仁、菜心滑炒，加入清汤、盐、味精，用水淀粉勾芡，浇入煲中鱼丸之上，淋上香油。

豆腐鸽蛋蟹柳汤

材料

豆腐125克，熟鸽蛋10个，蟹柳30克，上海青20克

调料

清汤适量，盐5克

做法

❶ 将豆腐洗净切方块；熟鸽蛋剥壳洗净；蟹柳洗净切块；上海青洗净备用。

❷ 净锅上火倒入清汤，下入豆腐、鸽蛋、蟹柳、上海青，煲至熟调入盐即可。

小丸子拉面

材料

拉面150克，豆芽20克，包菜片20克，木耳丝25克，卤蛋半个，肉丸子90克

调料

盐、面汤、葱花、咖喱粉各适量

做法

❶ 豆芽洗净；肉丸子洗净，入油锅炸至金黄色。

❷ 锅中加水烧开，放入拉面煮熟后捞出，沥水，装入碗内。面汤内调入盐、咖喱粉，放入肉丸子煮熟，倒在面碗内。

❸ 锅中烧水，水开后放入豆芽、包菜、木耳焯熟，放在面上，加上卤蛋，撒上葱花即可。

蟹肉煲豆腐

材料

螃蟹50克，日本豆腐50克，干贝5克

调料

盐、淀粉、葱各适量

做法

1. 螃蟹蒸熟、拆肉；葱洗净切末；日本豆腐切成棋子形状。
2. 蟹肉下锅煎炒起锅备用；日本豆腐下锅煎至金黄色，再放入蟹肉稍炒。
3. 用淀粉勾兑芡汁打芡，放入盐、油调味，撒上干贝、葱花即可。

花菜炒虾仁

材料

虾仁150克，花菜80克，韭黄50克，青椒、红椒各适量

调料

味精、生抽、盐各适量

做法

1. 虾仁洗净，氽水；青椒、红椒、韭黄均洗净切段；花菜洗净，切块，入沸水中烫熟后，捞出垫入盘底。
2. 油锅烧热，放入虾仁爆炒至颜色发白。
3. 放入青椒、红椒、韭黄炒至熟软，加味精、生抽、盐炒至入味，盛在花菜上即可。

三鲜面

材料

面条200克，火腿、黄瓜、香菇、猪肉各50克

调料

盐、胡椒粉、香油、葱花、香菜、鲜汤各适量

做法

❶ 火腿切片；猪肉、黄瓜洗净切片；香菇、香菜洗净。

❷ 将面条煮熟，放入碗内；锅中加油烧热，放入肉片炒熟，加入鲜汤，放入香菇、火腿、黄瓜，调入盐、胡椒粉、香菜段，淋入香油调味，倒在面条上，撒上葱花即可。

虾仁通心粉

材料

通心粉1包，虾仁150克，洋葱、口蘑各少许

调料

盐、酱油、高汤各适量

做法

❶ 虾仁洗净，剪开尾部；洋葱去膜，洗净切丁；口蘑洗净，撕成小片。

❷ 油锅烧热，下入虾仁炒至变色，倒入高汤，放入通心粉、洋葱、口蘑煮熟。

❸ 加盐、酱油调味即可。

草菇白菜

材料

草菇300克，胡萝卜100克，白菜400克

调料

盐3克，淀粉20克

做法

❶ 将草菇洗净，对半切开；胡萝卜去皮洗净，切片；将白菜洗净，切片。

❷ 锅置火上，倒水烧热，放入草菇、白菜焯烫片刻，捞起沥干水。

❸ 另起锅，倒油加热，放入草菇、胡萝卜、白菜，调入盐，最后用水淀粉勾薄芡，煮至汁收干即成。

虾仁炒蛋

材料

河虾100克，鸡蛋5个，春菜少许

调料

盐2克，淀粉10克，鸡精2克

做法

1. 河虾洗净去壳，取出虾仁，装碗内，调入少许淀粉、盐、鸡精拌匀，备用；春菜洗净，去叶留茎切细片。
2. 鸡蛋打入碗内，调入盐搅拌均匀备用。
3. 油烧热，锅底倒入蛋液，稍煎片刻，放入春菜、虾仁，略炒至熟，出锅即可。

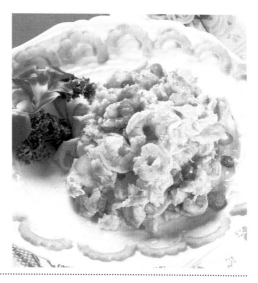

玉米面饼

材料

玉米粉300克，白面200克

调料

白糖50克，泡打粉5克，甜面酱10克

做法

1. 将玉米粉、白面、白糖、泡打粉和在一起，加入少许清水，发酵20分钟。
2. 将发酵的面改成饼状。
3. 平底锅上火，加入少量油，放入面饼，烙至金黄色，取出，改成小块便可，吃时可蘸甜面酱。

顺风蛋黄卷

材料

猪蹄1只，咸鸭蛋、鸡蛋各2个

调料

白醋、香油、盐各适量

做法

1. 猪蹄洗净，去骨肉，只留猪皮。
2. 咸鸭蛋煮熟，取蛋黄捣碎；鸡蛋打入碗中，加盐和咸蛋黄搅成蛋液，注入猪皮中，用竹签穿好封口，入蒸笼中蒸20分钟，取出。
3. 将蒸好的猪蹄切片，淋上白醋、香油即可。

4～7岁学龄前儿童

学龄前的孩子，要储备足够的营养，健脑成为重要项目。孩子的智力发展和大脑的发育都与营养有着密切的关系。父母都希望自己的孩子聪明伶俐，不惜重金购买营养品，其实，许多日常生活中的食品才是真正的益智健脑品。鱼类中富含的蛋白质，如球蛋白、白蛋白、含磷的核蛋白、不饱和脂肪酸、铁、维生素B$_{12}$等成分，都是儿童脑部发育所必需的营养。

拔丝土豆

材料

土豆250克，熟芝麻少许

调料

白糖适量

做法

❶ 土豆洗净，去皮切成条，沥干水分，再下入烧热的油锅中炸熟，捞出沥油。

❷ 电锅中倒入适量油，放入白糖熬成糖浆。

❸ 将炸熟的土豆蘸上糖浆后，撒上熟芝麻即可。

芝麻鸽蛋

材料

鸽蛋10个，熟芝麻适量，面粉30克

调料

白砂糖60克

做法

❶ 鸽蛋煮熟，捞出，入冷水浸透，剥去壳，放入面粉中滚上一层面粉。

❷ 炒锅上火，倒入油，烧到五成热时放入已裹上面粉的鸽蛋炸至金黄色捞出，放入白砂糖中滚匀，再撒上一层熟芝麻装盘。

拔丝豌豆

材料

豌豆250克，面粉、玉米粉、发酵粉、蛋液各适量

调料

白糖、盐各少许

做法

❶ 豌豆洗净，放入开水锅中，加盐焯透后捞出沥水。

❷ 将面粉、玉米粉、发酵粉、蛋液与豌豆放在一起拌匀，做成豌豆球。

❸ 将豌豆球放入八成热的油锅中炸熟，捞出沥油。

❹ 另起锅注水，倒入白糖熬成糖浆。

❺ 将炸好的豌豆球放入糖浆中裹匀。

❻ 取出沥油后摆好盘即可。

乳酪土豆饼

材料

土豆150克，洋葱、乳酪、奶油各适量

调料

盐、胡椒粉各少许

做法

❶ 土豆洗净，放入开水锅中煮透。

❷ 取出土豆，切1厘米厚的片，再用模型框做出形状。

❸ 洋葱去衣洗净，剁碎后放在土豆上。

❹ 将乳酪与盐、胡椒粉拌匀，码放在洋葱上。

❺ 平底锅上火烧热，放入奶油加热融化。

❻ 将土豆放入锅中，煎熟即可。

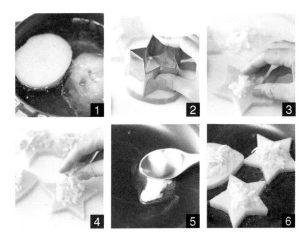

胡萝卜炒杏仁

材料

胡萝卜200克，杏仁片50克

调料

盐、白糖各3克，酱油3毫升

做法

❶ 胡萝卜洗净，切小块。

❷ 油锅烧热，倒入胡萝卜炒熟，加入杏仁片翻炒1分钟。

❸ 加盐、白糖、酱油炒匀即可。

拌什锦菜

材料

胡萝卜、白萝卜、酱螺丝菜各25克

调料

生姜25克，盐、香油各少许

做法

❶ 胡萝卜去皮切丝，入沸水中焯熟，备用；生姜、白萝卜洗净切丝。

❷ 将所有切好的材料装入碗中，与酱螺丝菜和盐及少许香油拌匀即可。

上汤黄花菜

材料

黄花菜300克

调料

盐5克，味精2克，上汤200毫升

做法

❶ 将黄花菜洗净，沥水。

❷ 锅置火上，烧沸上汤，下入黄花菜，调入盐、味精，装盘即可。

丝瓜滑子菇

材料

丝瓜350克，滑子菇20克，红椒少许

调料

盐、鸡精、淀粉、香油各适量

做法

❶ 丝瓜洗净去皮切成长条；滑子菇洗净；红椒洗净，切成片。

❷ 起油锅，爆香红椒片，加入丝瓜条翻炒至熟软，再加入滑子菇翻炒至熟，加调味料翻炒至入味即可。

四宝西蓝花

材料

鸣门卷、西蓝花、虾仁、滑子菇各50克

调料

盐、味精各3克，醋、香油各适量

做法

❶ 鸣门卷洗净，切片；西蓝花洗净，掰成朵；虾仁洗净；滑子菇洗净。

❷ 将上述材料分别焯水后捞出同拌，调入盐、味精、醋拌匀。

❸ 淋入香油即可。

桂花马蹄

材料

马蹄350克，红椒30克

调料

桂花糖、水淀粉、香菜各适量

做法

❶ 马蹄去皮洗净，装盘；红椒去蒂洗净，切粒；香菜洗净备用。

❷ 起油锅，用桂花糖、水淀粉搅拌均匀调成味汁，均匀地淋在马蹄上，放入红椒粒一起拌匀。

❸ 用香菜装饰即可。

凉拌牛百叶

材料

水发牛百叶300克

调料

香菜1棵，盐5克，白胡椒粉、醋、味精各少许

做法

❶ 水发牛百叶洗净，切成片；香菜洗净切段。

❷ 将切好的牛百叶片放入沸水中焯一下，捞出晾凉。

❸ 将牛百叶与香菜段盛入盘中，加入剩余调味料拌匀即可。

鹌鹑蛋烧猪蹄

材料

猪蹄1个（约750克），卤制鹌鹑蛋20个

调料

老抽10毫升，味精、盐各3克，鸡精、蒜各5克，香料、淀粉各适量

做法

❶ 猪蹄洗净，斩段，加盐、香料入高压锅中压8分钟。

❷ 蒜下油锅煸香，放猪蹄、卤制鹌鹑蛋，调入除淀粉外的所有调料。

❸ 用淀粉勾芡即可。

牛肉炒上海青

材料

牛肉60克，上海青100克

调料

盐、水淀粉、蒜蓉、胡椒粉、姜片各适量

做法

❶ 牛肉洗净，切成细丝；上海青洗净，过凉后沥干水分。

❷ 油锅烧热，放入蒜蓉、姜片炒香，再放入牛肉炒至六成熟，放入上海青炒匀。

❸ 加盐、胡椒粉调味，用水淀粉勾芡，盛入盘中即可。

牛肉比萨

材料

牛肉200克，乳酪40克，圣女果1颗，面粉少许

调料

盐、胡椒粉、番茄酱、蒜蓉各适量

做法

❶ 番茄酱加胡椒粉、蒜蓉做成比萨酱汁；牛肉洗净，切分为两半，用胡椒粉、盐、面粉抹匀；圣女果洗净，入开水锅中焯片刻，捞出去皮，对切为二。

❷ 起油锅，放入牛肉煎熟，盛入盘中，淋入比萨酱汁和少许油，再放上乳酪。

❸ 烤箱预热至170℃，将盘放入烤箱中，烘烤至乳酪溶化为止，取出，摆上圣女果即可。

年糕比萨

材料

年糕200克，乳酪块、奶油各70克，牛肉末、火腿、香肠、青椒、洋葱各适量

调料

盐、番茄酱、辣椒油各少许

做法

❶ 年糕洗净，切薄片；牛肉末加盐腌渍入味；火腿切细；香肠切圈；青椒洗净切花；洋葱洗净切细。

❷ 锅中倒入奶油加热至融化，放入牛肉末、火腿、香肠、洋葱、青椒翻炒片刻，加入番茄酱、辣椒油调味成比萨酱汁，熄火备用。

❸ 将年糕摆在盘中，淋上比萨酱汁，放上乳酪块；将盘放入烤箱中烤至金黄色即可。

土豆黄瓜沙拉

材料

土豆、黄瓜各100克，圣女果、洋葱各80克

调料

沙拉酱适量

做法

❶ 土豆去皮洗净，切丁；黄瓜洗净，切丁；圣女果洗净；洋葱洗净，切成小块。

❷ 将土豆放入沸水锅中焯水后捞出。

❸ 将土豆、黄瓜、洋葱、圣女果摆盘。

❹ 淋上沙拉酱，一起拌匀即可。

胡萝卜炒牛肉

材料

牛肉150克，胡萝卜、洋葱各30克

调料

盐、胡椒粉、香油、葱段各适量

做法

❶ 牛肉洗净，切薄片，用胡椒粉抓匀，静置10分钟；胡萝卜洗净切片；洋葱洗净切碎。

❷ 油锅置火上，烧至六成热，倒入牛肉炒至变色，再放入洋葱、胡萝卜炒至熟。

❸ 加盐、胡椒粉炒匀，淋入香油，起锅前倒入葱段翻炒1分钟即可。

青豆香芋沙拉

材料

香芋400克，青豆100克，葡萄干50克

调料

沙拉酱适量

做法

❶ 将香芋去皮洗净，切丁；青豆、葡萄干洗净。

❷ 锅上火，烧沸水，放入香芋蒸熟，取出；青豆也入锅煮熟，捞出沥水。

❸ 将青豆、香芋装盘中，挤上沙拉酱拌匀。

❹ 最后撒上葡萄干即可食用。

牛百叶拌黄瓜

材料

牛百叶300克，黄瓜适量

调料

盐3克，味精1克，醋8毫升，生抽10毫升

做法

❶ 牛百叶洗净，切片；黄瓜洗净，切条，装盘待用。

❷ 锅内注水烧沸，放入牛百叶氽熟后，捞起沥干并装入碗中。

❸ 向碗中加入盐、味精、醋、生抽拌匀后，捞出百叶晾干，卷成卷，放入排有黄瓜的盘中即可。

手抓肉

材料
羊肉500克，洋葱15克，胡萝卜20克
调料
盐3克，花椒2克，香菜10克

做法
❶ 羊肉洗净切块；洋葱洗净切片；胡萝卜洗净切块；香菜洗净切末。
❷ 锅中水烧开，放入羊肉块焯烫捞出，锅中换干净水烧开，放入盐、洋葱、花椒、胡萝卜、羊肉煮熟。
❸ 加入香菜末出锅即可。

凉拌黄豆芽蟹肉

材料
黄豆芽70克，蟹肉50克，茼蒿少许
调料
盐3克，香油5毫升

做法
❶ 黄豆芽洗净；茼蒿洗净切段；蟹肉撕片。
❷ 锅注水烧开，下入黄豆芽、茼蒿、蟹肉烫熟，捞出装盘。
❸ 加盐、香油拌匀即可。

糖醋羊肉丸子

材料

羊腿肉300克，鸡蛋、羊肉汤、马蹄各适量，白面粉10克

调料

料酒、酱油各25毫升，盐1克，白糖50克，醋40毫升，水淀粉10克

做法

❶ 羊肉洗净剁碎；马蹄去皮剁泥；鸡蛋打散，加羊肉、马蹄、面粉、盐、部分料酒、酱油拌匀。

❷ 将拌匀的羊肉做成丸子，下油锅炸至金黄色。

❸ 将酱油、料酒、白糖、水淀粉、羊肉汤兑汁，倒入锅中搅拌至起泡后，倒入羊肉丸子，加醋颠翻几下，使丸子沾满卤汁即成。

皇家龙珠饺

材料

面粉300克，玉米粒、胡萝卜、猪肉各10克

调料

盐、味精各3克

做法

❶ 面粉和水，揉至面团表面光滑；胡萝卜洗净切长条；猪肉洗净剁碎；玉米粒洗净。

❷ 将猪肉、玉米粒、胡萝卜拌盐、味精和成馅，面粉团擀成薄片。

❸ 用面皮包裹馅，捏成锥状，胡萝卜条从顶口露出，边缘雕成花瓣边缘状，蒸熟。

菠萝鸡丁

材料
鸡肉100克，菠萝300克，鸡蛋液适量

调料
酱油、料酒、水淀粉、糖、盐各适量

做法

❶ 菠萝切成两半，一半去皮，用淡盐水略腌，洗净后切小丁待用；另一半菠萝挖去果肉，留作盛器。

❷ 鸡肉洗净切丁，加酱油、料酒、鸡蛋液、水淀粉、糖、盐拌匀上浆。

❸ 锅中油烧热，放入鸡丁炒至八成熟时，放入菠萝丁炒匀，盛入挖空的菠萝中即可。

牛奶什锦饭

材料
米饭100克，牛奶50毫升，玉米粒、豌豆、火腿各50克，土豆、胡萝卜各30克，乳酪适量

调料
盐2克

做法

❶ 将胡萝卜、土豆均洗净，去皮后切丁；火腿去包衣，切丁；豌豆、玉米粒均洗净。

❷ 油锅烧热，乳酪下锅，待溶化后，放入胡萝卜、土豆、火腿、豌豆、玉米一起炒。

❸ 七分熟后，米饭下锅翻炒片刻，倒入牛奶稍焖，待米饭收干汁即可。

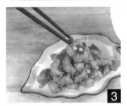

椒盐鸡软骨

材料

鸡软骨200克，鸡蛋2个，青椒3克，红椒3克

调料

椒盐20克，生抽少许，葱5克，盐少许，生粉适量，姜5克

做法

1. 葱洗净切花；姜洗净切末；青椒、红椒洗净切粒；鸡软骨洗净，先用生粉、盐、鸡蛋、生抽腌渍入味。
2. 鸡软骨下锅炸至金黄色，捞出沥干油。
3. 再撒上椒盐、葱花、青椒粒、红椒粒、姜末配色即可。

盐爆虾仁

材料

虾仁300克，青椒、红椒、白萝卜各适量

调料

盐3克，味精2克，料酒、香油各适量

做法

1. 青椒、红椒洗净切小段；白萝卜洗净切滚刀块；虾仁洗净切段，用料酒腌渍。
2. 油锅烧热，倒入虾仁，炒至变色后加青椒、红椒、白萝卜。
3. 放盐、味精、香油，用大火爆炒入味后即可盛出。

香烧鸡肉

材料

鸡肉250克，乳酪块100克，面粉、奶油各适量

调料

盐、柠檬汁、胡椒粉、辣椒油各少许

做法

❶ 鸡肉洗净，切小块，用盐、柠檬汁抓匀，腌渍15分钟；乳酪块剁碎。

❷ 锅中倒入适量清水，放入鸡肉煮熟，捞出鸡肉并将鸡汤盛入容器内备用。

❸ 净锅中倒入奶油，用小火煮至融化。

❹ 倒入鸡汤、辣椒油、面粉拌匀。

❺ 碗底刷上一层油，放上鸡肉、奶油鸡汤面糊，放进180～190℃的微波炉烘烤30分钟。

❻ 撒上乳酪块，装碗，放入烤箱中，待鸡肉烤至金黄色撒上胡椒粉即可。

炒鲭鱼番茄酱

材料

鲭鱼300克，青椒、胡萝卜、洋葱、水面粉各适量

调料

食用油、盐、酱油、生姜汁、番茄酱、水淀粉各适量

做法

❶ 鲭鱼处理干净，切块后用生姜汁腌渍入味，再用水面粉挂糊；青椒去籽，洗净切片；胡萝卜洗净，切星形；洋葱去衣，洗净切片。

❷ 起油锅，放入鲭鱼炸熟，捞出沥油；锅底留油，放入青椒、胡萝卜、洋葱炒熟，再放入鲭鱼翻炒一会。

❸ 加盐、酱油、番茄酱调味，用水淀粉勾薄芡，盛入盘中即可。

烤鲭鱼肉

材料

鲭鱼150克，南瓜、洋葱各100克

调料

盐、酱油、白糖、辣椒粉、辣椒酱、蒜蓉、葱花各适量

做法

❶ 鲭鱼洗净，用盐、酱油腌渍一会儿；南瓜去皮去瓤，洗净切薄片；洋葱去衣，洗净切条。

❷ 起油锅，炝入蒜蓉，下入南瓜、洋葱炒熟，加盐调味，盛入盘中。

❸ 将鲭鱼放在烤架上，用小火边烤边撒上辣椒粉、白糖，烤熟后放于盘内，滴入辣椒酱，撒上葱花即可。

玉米馄饨

材料

玉米250克，猪肉末150克，馄饨皮100克

调料

盐6克，葱20克，味精4克，白糖10克，香油10毫升

做法

❶ 玉米剥粒洗净；葱洗净切花。

❷ 将玉米粒、猪肉末、葱花放入碗中，调入调味料拌匀即成馅料。

❸ 将馅料放入馄饨皮中央。

❹ 将馄饨皮两边对折，将馄饨皮边缘捏紧。

❺ 将捏过的边缘前后折起。

❻ 捏成鸡冠形状。

❼ 锅中注水烧开，放入包好的馄饨。

❽ 盖上锅盖煮3分钟即可。

香菇鲭鱼

材料

鲭鱼300克，香菇20克，水面粉少许

调料

盐2克，酱油4毫升，白糖4克，豆瓣酱7克，生姜汁、葱各适量

做法

❶ 鲭鱼洗净，剁成块，用生姜汁去除腥味，再用水淀粉挂糊上浆；香菇洗净，切小块；葱洗净切圈。

❷ 油锅烧热，下鲭鱼煎至七成熟，再放入香菇翻炒一会，倒入适量清水。

❸ 加入盐、酱油、白糖、豆瓣酱调味，焖煮片刻撒上葱花即可。

金牌银鲳鱼

材料

银鲳鱼1条，虾仁、红椒丝、鸡蛋、豌豆、胡萝卜各适量

调料

盐、水淀粉、葱丝各适量

做法

❶ 银鲳鱼洗净切段，加盐和水淀粉腌制；鸡蛋打散，加盐搅成蛋液，入油锅煎成蛋皮摆盘；虾仁、豌豆、胡萝卜分别洗净，入沸水烫熟。

❷ 银鲳鱼入油锅炸熟，装盘，用虾仁、豌豆、胡萝卜摆盘点缀，撒上红椒丝、葱丝即可。

泡菜意大利面

材料

意大利面150克，猪肉、泡菜、洋葱、青椒丁、红椒丁各适量

调料

盐、番茄酱、辣椒酱、蜂蜜、橄榄油、蒜蓉、水淀粉各少许

做法

❶ 猪肉洗净剁碎；泡菜切细；洋葱去皮，洗净切细。

❷ 锅中注入水，倒入橄榄油，再下入意大利面煮熟，盛入盘中。

❸ 将猪肉与泡菜、青椒、红椒、洋葱放入碗中，加入所有调味料拌匀，即成面酱；起油锅烧热，倒入面酱炒熟，淋入盘中即可。

大骨汤盖浇饭

材料

米饭100克，鸡蛋1个，虾60克，鱿鱼30克，牛肉20克，大骨汤、黄瓜、洋葱、口蘑各适量

调料

酱油8毫升，白糖10克，料酒、盐、葱各适量

做法

❶ 把洋葱、牛肉、黄瓜、鱿鱼均洗净，切细丝；虾洗净，氽水后去皮。

❷ 将口蘑洗净，切片；葱洗净，切段；鸡蛋打入碗中搅拌成鸡蛋液。

❸ 把大骨汤、酱油、白糖、料酒和盐放入锅中，搅拌均匀做成盖浇饭酱汁。

❹ 将洋葱、牛肉、鱿鱼、虾、口蘑、黄瓜和葱都放入锅中和酱汁一起熬煮。

❺ 待盖浇饭材料熟后，淋入鸡蛋液再煮片刻。

❻ 将锅中的材料盛在米饭上即可。

烤肉汉堡

材料

牛肉150克，菠菜50克，蛋液、豌豆、面粉各适量

调料

盐、胡椒粉、花生粉各少许

做法

1. 牛肉洗净剁碎；菠菜洗净，焯水过凉后剁碎；豌豆洗净，入沸水锅中煮熟，捞出备用。
2. 在已剁碎的牛肉和菠菜中放入蛋液、面粉、盐和胡椒粉搅拌均匀，然后做成厚1厘米、直径10厘米的圆形，即牛肉汉堡。
3. 锅注油烧热，下入牛肉汉堡煎至金黄色，盛入盘内，撒上花生粉、豌豆即可。

菠菜汉堡

材料

汉堡坯1个，牛肉300克，菠菜100克，西红柿片、洋葱、生菜、蛋液、面粉、牛奶各适量

调料

盐、胡椒粉、番茄酱各少许

做法

1. 牛肉洗净剁碎；菠菜洗净，焯水切碎；生菜洗净；洋葱洗净切碎，入油锅炒熟，再倒入蛋液搅匀炒熟。
2. 将牛肉、菠菜、洋葱、面粉、牛奶放入碗内，加盐、胡椒粉搓揉均匀，制成扁圆形状的饼；起油锅，煎熟牛肉饼。
3. 将西红柿片、生菜、牛肉饼和番茄酱一起夹入切好的汉堡坯即成。

泡菜汉堡

材料

汉堡坯1个，泡菜、青椒、红椒、火腿、鸡蛋、酸菜、乳酪各适量

调料

番茄酱、盐、香油、白糖各少许

做法

❶ 泡菜剁碎，与白糖、香油拌匀；青椒、红椒均洗净，剁成细末；火腿切细；鸡蛋打入碗中，加盐拌匀。

❷ 将鸡蛋、泡菜、青椒、红椒、火腿、盐搅拌均匀后倒入烧热的油锅，煎成蛋饼。

❸ 将汉堡坯一剖两半，先抹一层番茄酱，再将蛋饼、酸菜、乳酪夹入到汉堡坯中即可。

南瓜肉饼

材料

南瓜150克，猪肉100克，洋葱、蛋液、大麦粉各适量

调料

盐、胡椒粉各少许

做法

❶ 南瓜、洋葱均去皮，洗净切成细末；猪肉洗净剁碎。

❷ 将南瓜、洋葱、猪肉放入碗中，加蛋液、大麦粉、盐、胡椒粉拌匀，并做成饼状。

❸ 平底锅烧热，倒入油烧至八成热，下入饼煎熟即可。

年糕鱼脯串

材料

年糕200克，鱼脯20克

调料

盐、番茄酱、水淀粉、高汤、香油各适量

做法

❶ 年糕洗净，切小段；鱼脯洗净，放入烤箱烤熟，取出切条。

❷ 油锅烧热，放入年糕煎熟，取出后用鱼脯包裹上并穿在竹签上串成鱼串；另起油锅烧热，放入鱼串炸5分钟，捞出沥油，放入盘中。

❸ 锅底留少许油，放入所有调味料调成味汁，淋在鱼脯串上即可。

海鲜咸饼干

材料

白肉海鲜200克，咸饼干、面粉、蛋液、洋葱末、芹菜末各适量

调料

盐、胡椒粉、柠檬汁各少许

做法

❶ 白肉海鲜洗净切末，加盐、胡椒粉腌渍入味；将面粉、蛋液拌匀，与咸饼干一起裹在白肉海鲜上。

❷ 油锅烧热，下入白肉海鲜炸熟，放入盘中摆好。

❸ 起油锅，倒入洋葱末、芹菜末和柠檬汁做成味汁，淋入盘中即可。

牛奶布丁

材料

牛奶250毫升，草莓100克，蛋白、苹果汁、食用明胶各适量

调料

蜂蜜、白糖各少许

做法

❶ 牛奶倒入锅中，加白糖拌匀。

❷ 放入食用明胶，用小火加热至溶化。

❸ 起锅盛入碗中，用模具加工成布丁，放入冰箱冷藏。

❹ 草莓去蒂洗净，放入碗内，加入蜂蜜做成草莓酱。

❺ 将蛋白、白糖调合。

❻ 将布丁放在盘内，淋上蛋白、白糖调合物、草莓果酱和苹果汁即可。

黑芝麻糯米团

材料

糯米粉150克，面粉50克，发酵粉、黑芝麻、花生碎各少许

调料

白糖、蜂蜜各适量

做法

1. 把糯米粉、面粉、发酵粉筛在碗中，再放入黑芝麻搅拌均匀。
2. 将白糖用开水溶化，倒入碗中搅拌均匀。
3. 把面糊揉搓成团。
4. 将面团分成小份，揉捏成直径5~6厘米的圆形。
5. 锅烧热，倒入油，烧至六成热，下入面团炸熟，捞起沥油。
6. 将炸好的面团放入蜂蜜中，取出后蘸上花生碎即可。

鸡肉条沙拉

材料

鸡胸肉300克，生菜、莴笋、菊苣、红洋葱、面粉各适量

调料

盐、醋、蜂蜜、胡椒粉、芥末酱、蛋黄酱各少许

做法

1. 鸡胸肉洗净，切成细条。
2. 用纸巾清除鸡胸肉上的水分。
3. 把生菜、莴笋、菊苣、红洋葱均清洗干净，切成适当大小，下入开水锅稍微烫一会，捞出入盘。
4. 将鸡胸肉裹上一层加入了盐、胡椒粉拌匀之后的面粉。
5. 油锅烧热，下入鸡胸肉炸熟，捞出沥油，放入盘中。
6. 将芥末酱、蜂蜜、蛋黄酱、醋调成酱汁，淋在盘中即可。

PART4

保护视力食谱

良好的视力不是先天获得的。婴儿出生时，视力不及成人的1%，随着年龄的不断增长，双眼视细胞不断发育和完善。5岁以内是视觉功能发育的重要时期，视觉发育一直延续到6~8岁。在这个时期，父母应对孩子的视力加以重视，并在膳食方面予以相应调整。

0～1岁婴儿

当胎儿还在母亲腹中时，最先出现的器官既不是手，也不是脚，而是脑与眼睛。不过，虽然眼睛在胚胎中发育很早，但胎儿在出生后直到孩童期间，眼睛的生理发育仍然在持续进行，视力发展也随着年龄而不同。0～1岁的婴儿视力功能的发育仍不完全，除了母乳外，他还需要从各种辅食中摄取保护视力的各种营养素。

狝猴桃樱桃粥

材料

狝猴桃30克，樱桃少许，大米80克

调料

白糖11克

做法

① 大米洗净，再放在清水中浸泡半小时；狝猴桃去皮洗净，切小块；樱桃洗净，切块。

② 锅置火上，注入清水，放入大米煮至米粒绽开后，放入狝猴桃、樱桃同煮。

③ 改用小火煮至粥成后，调入白糖入味即可食用。

枸杞麦片粥

材料

麦片1包，金牛角30克，枸杞20克，红枣50克

做法

① 麦片撕开包装倒入碗中，加入枸杞及红枣，冲入200克热开水，加盖泡3分钟备用。

② 碗中加入金牛角，搅拌均匀即可食用。

什锦豆花

材料

豆腐300克，胡萝卜100克，火腿50克

调料

葱10克，淀粉10克，盐5克，味精2克

做法

❶ 先将豆腐切块，胡萝卜、葱、火腿切成丁状备用。

❷ 锅中下少许油烧热，放入胡萝卜丁、火腿炒香，下入少许水。

❸ 再下入豆腐煮熟，调入盐、味精，下入淀粉勾芡，撒上葱花即可出锅。

红豆莲子糊

材料

红豆100克，去心莲子50克

调味

白糖、水淀粉各适量

做法

❶ 红豆洗净，用高压锅压熟；莲子洗净，泡软。

❷ 将红豆、莲子一同放入豆浆机，加入适量煮红豆的汤、白糖一起打碎成泥。

❸ 将煮红豆的汤煮开，用水淀粉勾芡，再加入红豆莲子泥搅匀煮熟即可。

黑豆芝麻米糊

材料

大米100克，黑豆、黑芝麻各50克

调味

蜂蜜适量

做法

❶ 黑豆洗净，泡软；大米洗净，泡水；黑芝麻洗净，入锅炒香。

❷ 将上述材料放入豆浆机中，搅打成糊，盛出加入蜂蜜搅拌均匀即可。

淡菜三蔬粥

材料

大米80克，淡菜30克，西芹、胡萝卜、红辣椒各10克

调料

盐3克，味精2克，胡椒粉适量

做法

1. 大米淘洗干净，用清水浸泡；淡菜用温水泡发；西芹、胡萝卜、红辣椒洗净后均切丁。
2. 锅置火上，注入清水，放入大米煮至五成熟。
3. 放入淡菜、西芹、胡萝卜、红辣椒煮至粥浓稠，加盐、味精、胡椒粉调匀便可。

三色蒸水蛋

材料

皮蛋2个，鸡蛋3个，咸蛋1个

调料

盐2克，鸡精2克，酱油3毫升，香油5毫升，葱2根

做法

1. 皮蛋蒸熟去壳切成4瓣；葱洗净去根切花；咸蛋蒸熟剥去壳，取蛋黄切细丁，备用。
2. 鸡蛋打入碗内，加入100毫升80℃的热水，调入盐、味精少许，搅拌均匀，备用。
3. 蒸锅上火，取一碗，倒入调好的蛋液，加入切好的皮蛋及咸蛋黄，蒸约8分钟，取出，撒上葱花，淋上酱油、香油即可。

青豆豆腐丁

材料

豆腐300克，青豆200克

调料

豆瓣酱6克，盐3克，胡椒粉3克，鸡精2克，蒜3瓣，姜1块，葱1根

做法

1. 将豆腐洗净后切成小方块；蒜、姜去皮后切成末；葱切葱花。
2. 锅中油烧至五成热，下入豆腐炸至金黄色后，捞出沥干油分，再下入青豆略炸，捞出沥干油分。
3. 锅中留少许底油，放入姜、蒜、豆瓣酱爆香，下入豆腐和青豆，调入盐、胡椒粉、鸡精炒匀，撒上葱花即可。

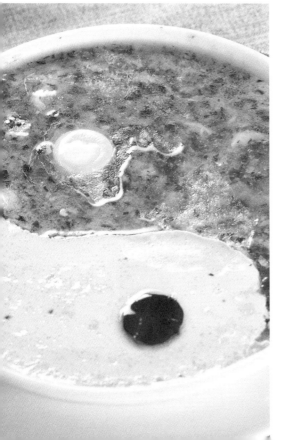

太极鸳鸯蛋

材料

鸡蛋3个，鹌鹑蛋10个，菠菜50克

调料

盐2克，鸡精1克，香油3毫升

做法

1. 菠菜洗净去根茎，留叶，剁成蓉，备用。
2. 鸡蛋打入碗里，调入盐、鸡精，搅拌均匀；鹌鹑蛋打入碗内，调入菠菜叶蓉、盐、鸡精拌匀。
3. 取一盆，中间用纸隔开，两边分别倒入鸡蛋液和鹌鹑蛋液，上蒸锅，蒸约10分钟，端出，淋上少许香油即可。

萝卜丝煮鳜鱼

材料

鳜鱼1条（500克），萝卜丝150克，粉丝50克，香芹25克

调料

姜丝25克，盐3克，味精3克，糖2克，鸡精3克，鱼露5毫升，胡椒5克，高汤400毫升

做法

① 鳜鱼去内脏和鳞，洗净，背部两边剞上花刀，用盐刷匀鱼身待用；粉丝用开水略煮后放入盘底。

② 锅置火上，将鳜鱼煎至两面金黄后盛出。

③ 爆香姜，下入高汤、鳜鱼，至鳜鱼八成熟时下萝卜丝煮熟，再下香芹及其他调味料，装盘即可。

滑蛋鲜贝

材料

鲜贝200克，胡萝卜50克，豌豆、香菇各80克，鸡蛋4个

调料

盐5克，香油10毫升

做法

① 鲜贝、香菇、胡萝卜均洗净，切薄片；豌豆洗净备用。

② 鲜贝用盐腌渍；鸡蛋磕入碗中，加盐搅拌均匀。

③ 鸡蛋液加香油，上锅蒸至四成熟，放鲜贝、香菇、胡萝卜、豌豆一起蒸5分钟至熟后，端出即可。

西蓝花果味鱼

材料

鱼肉350克，橙汁、西蓝花各适量，红椒末
10克

调料

盐3克，白糖、水淀粉各10克

做法

① 鱼肉洗净，改刀成菊花状，加盐腌渍；西
蓝花洗净，焯水后摆入盘中。

② 油锅烧热，下鱼肉炸至熟后取出，围在西
蓝花旁。

③ 将橙汁入锅，加少许清水、红椒末，调入
白糖、水淀粉勾芡，熬制黏稠后淋在鱼肉
上即可。

西蓝花竹荪虾

材料

竹荪50克，虾200克，西蓝花200克

调料

淀粉10克，姜末5克，葱末5克，蒜末6克，
高汤适量

做法

① 竹荪入开水中泡发，切块，拍上淀粉。

② 西蓝花洗净切小朵，入沸水中焯熟，摆在
盘底。

③ 虾洗净，煮熟去壳，挑去泥肠，用竹荪把
虾包卷起来，摆放在西蓝花上；油锅烧
热，爆香姜、葱、蒜，加入高汤，做成芡
汁，浇淋在竹荪上即可。

2 ~ 3 岁幼儿

　　这个时期的幼儿，乳牙刚刚长出，对外界的一切都充满了好奇心。要保护孩子的视力，可以适量给孩子一些耐咀嚼的食物，增加咀嚼力度可以促进视力的发育。因为咀嚼时会增加面部肌肉包括眼部肌肉的力量，产生调节晶状体的强大能力，从而降低近视眼的发生概率。

鲜桃炒山药

材料

鲜桃2个，山药500克，鲜奶25毫升

调料

盐5克，糖10克，芡粉少许

做法

1 将鲜桃、山药分别洗净切片。

2 锅中注适量水烧开，放入切好的原材料焯烫，捞出，入油锅中翻炒。

3 调入鲜奶与调味料炒匀，勾芡出锅即可。

豆腐海带鱼尾汤

材料

豆腐1块，海带50克，鱼尾500克

调料

盐5克，姜2片

做法

1 豆腐放入冰箱急冻30分钟。

2 海带浸泡24小时，洗净后切片。

3 鱼尾去鳞，洗净；烧锅下油、姜，将鱼尾两面煎至金黄色，加入沸水1000毫升，煲20分钟后放入豆腐、海带，再煮15分钟，加盐调味即可。

鸡蛋饼

材料

鸡蛋3个，面粉25克，火腿粒8克

调料

盐3克，鸡精2克，葱10克，香油、十三香各少许

做法

① 鸡蛋打散；葱择洗净切花；面粉加水制成面糊，调入盐、鸡精、火腿粒、十三香。

② 锅中油烧热，倒入面糊，待凝固时倒入蛋液。

③ 刷少许油煎至金黄色，撒上葱花，淋入香油即可食用。

清汤荷包蛋

材料

鸡蛋6个

调料

葱5克，姜5克，盐3克，味精、胡椒粉各2克，香油5毫升

做法

① 葱洗净，切花；姜去皮，洗净，切末。

② 锅上火，注入适量清水，待水煮沸，打入鸡蛋，放入姜末。

③ 鸡蛋煮至七成熟时，调入盐、味精、胡椒粉，撒上葱花，淋入少许香油，即可出锅。

枸杞蒸蛋

材料

猪肝200克，鸡蛋2个，枸杞30克

调料

胡椒粉、盐、味精、葱丝、姜汁各适量，清汤400毫升

做法

① 猪肝去白筋，切成细粒，枸杞用温水浸泡。

② 鸡蛋打入碗内搅散，加入肝粒、姜汁、葱丝、味精、盐、胡椒粉拌匀。

③ 入味后加入清汤，最后撒上枸杞，入蒸笼蒸熟即成。

红薯羹

材料

红薯50克，菜心10克，红枣3克，大米45克

调料

味精1克，盐2克，胡椒粉2克，香油5毫升，姜5克，葱4克

做法

❶ 红薯去皮洗净切粒；菜心洗净切粒；姜洗净去皮切丝；葱洗净切花；红枣洗净切丝；大米洗净备用。

❷ 砂锅上火，注入清水，放入姜丝、枣丝烧开，放入大米，再次煮沸后转用小火慢煲。

❸ 煲至米粒熟烂，放入红薯粒，小火继续煲至成糊，调入盐、菜心粒、味精、胡椒粉拌匀，撒上葱花，淋入香油即可。

鲜肉蛋饺

材料

鸡蛋3个，猪肉碎200克

调料

盐6克，味精3克，生姜5克，葱4根

做法

❶ 将鸡蛋打散，下入煎锅中煎成一张张蛋皮备用；将葱条入热水中微烫。

❷ 猪肉碎装入碗内，下入剩余调味料一起拌匀。

❸ 取一张蛋皮，放入肉馅，包成形，用烫好的葱条扎紧口，再同样包扎4个蛋饺，入锅中蒸7~8分钟至熟即可。

酥黄蛋饼

材料

鸡蛋5个

调料

白糖70克，水淀粉40克

做法

① 将鸡蛋打入碗内搅匀，加入水淀粉搅成蛋糊。

② 锅上火，烧热，将蛋糊倒入锅内，转动炒锅摊成大圆饼，在蛋液未全部凝固时，将蛋饼折成半圆形。

③ 在蛋饼熟透后，取出，切成菱形块，用温油炸至完全蓬松，表面有硬壳时，捞出；锅中放底油，下入白糖，用小火熬成糖浆后，放入炸好的蛋饼翻匀，糖浆挂均匀即可。

蛋黄肉

材料

咸蛋1个，五花肉400克，鸡蛋1个（取蛋清）

调料

盐3克，鸡精2克，酱油2毫升，香油5毫升

做法

① 五花肉洗净剁碎；熟咸蛋拍破，取出咸蛋黄，轻轻压扁。

② 五花肉装入碗，调入生粉、鸡蛋清、盐、鸡精、酱油、香油（部分）搅拌均匀。

③ 锅上火，注入油烧热，放入压扁的蛋黄，煎出香味放入碗底，上面放上码好味的五花碎肉，上蒸锅蒸约20分钟，取出，倒入盘里，淋上剩余香油即可。

木瓜煮鸡蛋

材料

木瓜1个，鸡蛋4个

调料

盐2克，鸡精2克，白糖6克，淀粉水5毫升

做法

1. 木瓜洗净先切条，再切菱形片；鸡蛋打入碗里，调入少许盐、鸡精备用。

2. 锅上火，注入少许油烧热，下鸡蛋液，翻炒至熟，盛出；净锅上火，放适量清水，加入少许盐、白糖，水沸后下木瓜，焯一下捞出沥干水分。

3. 锅上火，倒入少许水，煮沸，放少许糖，煮开，调入淀粉水，勾芡汁，倒入炒好的鸡蛋及木瓜，拌匀，盛出即可。

蛋包西红柿

材料

西红柿250克，鸡蛋3个，牛奶适量

调料

葱头、盐、黄油各适量

调料

1. 鸡蛋打入碗内，加牛奶、盐，搅成蛋糊；西红柿洗净，去皮、子，切碎；葱头去外皮，切末。

2. 煎锅上入黄油烧溶，下葱头末，炒至微黄时，加入西红柿碎炒透，倒入碗内。

3. 油锅烧热，倒入蛋糊转动煎锅使其成圆饼状，两面煎透后将西红柿碎、葱头末放在蛋饼中央，将蛋饼卷起呈椭圆形，煎至两面发黄且熟时即可。

蛋香豆腐

材料

内脂豆腐2条，虾胶150克，咸蛋黄10克，鸡蛋1个，菜心4棵

调料

白糖1克，盐3克，淀粉15克

做法

1. 鸡蛋打入碗内，加水搅匀，蒸成水蛋；内脂豆腐切成圆筒，将中间挖空；咸蛋黄切粒。

2. 将糖、盐加入虾胶里，搅匀后酿在豆腐中间，将咸蛋黄放在虾胶上，入锅蒸熟后将豆腐取出放在水蛋上；将菜心焯熟，围在豆腐周围；烧锅上火加入少许水，放入剩下的调味料，用淀粉勾芡后盛出淋入盘中即可。

江南鱼末

材料

鱼肉200克，松仁、玉米、豌豆、胡萝卜丁各50克，黄瓜、红椒各适量

调料

盐、味精各3克

做法

1. 黄瓜、红椒均洗净，切片，摆盘；松仁、玉米、豌豆均洗净；鱼肉洗净，切碎末。

2. 油锅烧热，下鱼末滑熟，再入胡萝卜、松仁、玉米、豌豆同炒片刻。

3. 调入盐、味精炒匀，起锅装入摆有黄瓜的盘中即可。

煎焖鲜黄鱼

材料

黄鱼350克，鸡蛋3个

调料

盐、味精各3克，香油各10毫升，水淀粉、葱花各10克

做法

1. 黄鱼洗净，加味精、盐腌渍，用水淀粉上浆，入油锅滑透，盛出。
2. 鸡蛋磕入碗，放入黄花鱼、葱花搅匀。
3. 油锅烧热，将混合好的黄花鱼、鸡蛋液倒入锅，煎成饼状，淋入香油即可。

南瓜盅肋排

材料

南瓜200克，芋头100克，猪肋排150克，红椒20克

调料

姜10克，酱油、味精、白糖、盐各适量

做法

1. 南瓜洗净，挖空；芋头去皮洗净，煮熟；红椒洗净切片；姜去皮洗净切片。
2. 肋排洗净切块，焯水，入油锅煸炒，加芋头、姜片、白糖、酱油、盐、味精、红椒炒匀。
3. 把炒好的肋排装入南瓜中，上锅蒸40分钟即可。

鱼丸蒸鲈鱼

材料

鲈鱼500克，鱼丸100克

调料

盐4克，酱油4毫升，葱丝10克，姜丝8克

做法

1. 鲈鱼洗净；鱼丸洗净，在开水中烫一下，捞出。
2. 用盐抹匀鱼的里外，将葱丝、姜丝填入鱼肚子和码在鱼肚上；将鱼和鱼丸一起放入蒸锅中蒸熟；再将酱油浇淋在蒸好的鱼身上即可。

鱼子烧豆腐

材料

嫩豆腐300克，鱼子100克

调料

盐2克，番茄酱、葱花、高汤、料酒各适量

做法

1. 嫩豆腐洗净切方块，汆水后捞出；鱼子洗净。
2. 油锅烧热，下鱼子，炒至八分熟时捞出控油。
3. 锅置火上，烹入料酒，注入高汤烧沸，倒入鱼子、豆腐，加盐、番茄酱焖煮，撒上葱花即可。

豆花虾仁

材料

水豆腐300克，虾仁100克，芹菜、红椒各适量

调料

盐3克，味精2克，高汤、香油各适量

做法

1. 水豆腐洗后切片；芹菜洗净后切斜段；红椒洗净切小丁；虾仁洗净。
2. 油锅烧热，倒入虾仁，炒至八成熟时盛出。
3. 另起锅，烧热后冲入高汤，烧沸后下入水豆腐，将熟时倒入虾仁、芹菜、红椒，加盐、味精煮约5分钟，淋上香油即可。

番茄酱鱼片

材料

鱼肉250克，蛋黄2个

调料

番茄酱25克，葱5克，白糖3克，盐3克，淀粉50克

做法

1. 鱼肉切成片；蛋黄打散，加淀粉调成糊；葱切花备用。
2. 炒锅置火上，加油烧热，取鱼片蘸蛋糊，逐片炸透捞出，锅内余油倒出。
3. 锅置火上，放水和番茄酱、白糖、盐，再将炸好的鱼片放入，翻炒均匀，撒上葱花即成。

鸡蛋炒干贝

材料

鸡蛋2个，干贝200克，酱萝卜100克，红椒适量，蒜苗少许

调料

盐3克，醋8毫升，生抽8毫升

做法

1. 鸡蛋打散；干贝洗净，蒸熟，撕成细丝；酱萝卜洗净切片；红椒洗净切圈；蒜苗切段。
2. 油烧热，下鸡蛋翻炒至变色后，加入酱萝卜、干贝、红椒、蒜苗炒匀，再加入盐、醋、生抽炒熟，装盘即可。

南瓜蛋糕

材料

熟南瓜肉138克，奶油110克，鸡蛋2个，中筋面粉200克，吉士粉10克，鲜奶25毫升，瓜子仁适量

调料

糖粉100克，盐3克，泡打粉6克，奶香粉2克

做法

1. 把熟南瓜肉、奶油、糖粉、盐倒在一起，先慢后快打至完全均匀。
2. 分次加入全蛋拌匀。
3. 加入中筋面粉、吉士粉、泡打粉、奶香粉，拌至无粉粒。
4. 加入鲜奶完全拌匀。
5. 装入裱花袋，挤入纸托内至八分满。
6. 在表面撒上瓜子仁装饰。
7. 入炉以150℃的炉温烘烤。
8. 烤约25分钟至完全熟透后出炉。

香芋蛋糕

材料

熟香芋肉125克，奶油75克，鸡蛋1个，中筋面粉125克，鲜奶50毫升，瓜子仁适量

调料

糖粉113克，盐3克，蜂蜜10克，泡打粉4克，奶香粉1克，香芋色香油少许

做法

1. 把熟香芋肉打烂，与奶油、糖粉、盐、蜂蜜混合拌匀后，加入全蛋拌匀；再加少许香芋色香油拌匀。
2. 加入中筋面粉、泡打粉、奶香粉，拌至无粉粒，再加入鲜奶拌匀。
3. 装入裱花袋，挤入纸托内至八分满，撒上瓜子仁装饰。
4. 入炉以150℃的炉温烤约25分钟至完全熟透，出炉即可。

山药蛋糕

材料

熟山药150克，奶油100克，鸡蛋2个，低筋面粉200克，鲜奶40毫升，合仁片适量

调料

糖粉150克，泡打粉4克，粟粉30克

做法

1. 把烤熟的山药肉捣烂，加入到奶油、糖粉中，混合均匀；加入全蛋，完全拌匀。
2. 加入低筋面粉、粟粉、泡打粉，拌至无粉粒状；分次加入鲜奶，搅拌均匀。
3. 装入裱花袋，挤入纸托内至八分满，表面撒上杏仁片。
4. 入炉，以140℃的炉温烘烤约25分钟至完全熟透，出炉。

红豆酥饼

材料

煮熟的红豆50克，水油皮60克，油酥30克，蛋液5克

调料

白糖10克

做法

❶ 红豆装碗，调入白糖拌匀，用勺子将红豆压成泥。

❷ 水油皮、油酥做成饼皮，放红豆馅料。放虎口处渐收拢将剂口捏起按扁。均匀扫上一层蛋液，送入烤箱，用上火150℃、下火100℃的炉温烤12分钟，取出即可。

绿豆酥饼

材料

脱壳绿豆仁200克，全麦面粉100克，全蛋1个，胡萝卜50克，韭菜30克

调料

盐2克，胡椒粉4克，铿鱼粉适量

做法

❶ 绿豆仁洗净蒸熟，趁热压成绿豆泥；胡萝卜、韭菜洗净切碎。

❷ 以上材料加盐、胡椒粉、铿鱼粉调味，再加入面粉、全蛋和水调成面糊。平底锅加油烧热，每次舀一匙面糊放进锅中，煎成一个个小饼即成。

4～7岁学龄前儿童

学龄前儿童的视力逐渐发展至最佳状态。如果儿童有视力低下及其他表现，如斜视、视物歪头、眯眼等，应尽早到医院眼科检查、确诊。好的视力需要父母和儿童的共同维护，以下将介绍适合4～7岁学龄前儿童的保护视力的多种菜肴。

决明苋肝汤

材料

苋菜250克，鸡肝2副，决明子15克

调料

盐少许

做法

1. 苋菜取嫩叶和嫩梗，洗净沥干。
2. 鸡肝洗净，切片，汆烫去血水后捞起。
3. 决明子装入棉布袋扎紧，放入煮锅中，加水1200毫升熬成药汤，捞出药袋丢弃；加入苋菜，煮沸后下肝片，再煮沸一次，加盐调味即可。

豆腐鲜汤

材料

豆腐2块，草菇150克，西红柿1个

调料

葱1根，姜1块，香油8毫升，盐4克，生抽5毫升，味精3克，胡椒粉3克

做法

1. 将豆腐洗净后切成片状；西红柿洗净切片；葱切葱花；姜切片。
2. 锅中水煮沸后，放入豆腐、草菇、姜片，调入盐、香油、胡椒粉、生抽、味精煮熟。
3. 再下入西红柿煮约2分钟后，撒上葱花即可。

茄子炒豆角

材料

茄子、豆角各200克，红椒15克

调料

盐、味精各2克，酱油、香油各15毫升

做法

❶ 茄子、红椒洗净，切段；豆角撕去荚丝，洗净切段。

❷ 油锅烧热，放红椒段爆香，下入茄子段、豆角段，大火煸炒。

❸ 下入盐、味精、酱油、香油调味，翻炒均匀即可。

拌海带丝

材料

水发海带丝1000克，鸡骨架少许

调料

葱片、姜片、香菜叶、酱油、醋、白糖、香油、味精、骨头汤、盐各适量

做法

❶ 将海带丝冲洗干净；鸡骨架洗净。

❷ 锅置火上，将鸡骨架放在锅中，加水、葱、姜后煮1小时，滤去鸡骨留汤。

❸ 下入海带丝煮至海带熟，捞出装盘，加入其余调料拌匀即可。

凉拌胡萝卜

材料

胡萝卜1个，芝麻5克

调料

香菜3克，葱花适量，姜末、蒜末各4克，香油10毫升，盐2克

调料

❶ 胡萝卜去皮洗净切丝，摆盘，撒上葱花、香菜。

❷ 油烧热，放入姜末、蒜末爆香，盛入碗里，调入盐、芝麻、香油拌匀，淋在胡萝卜丝上，拌匀即可食用。

柠檬红枣炖鲈鱼

材料

鲈鱼1条，红枣8颗，柠檬1个

调料

老姜2片，葱2根，盐、香菜各少许

做法

1. 鲈鱼洗净，去鳞、鳃、内脏，切块；红枣泡软，去核；柠檬切片；葱洗净，切段；香菜洗净，切末。

2. 汤锅内倒入水，加入红枣、姜片、柠檬片，以大火煲至水开，放入葱段及鲈鱼，改中火继续煲半小时至鲈鱼熟透，加盐调味，放入香菜即可。

海带拌土豆丝

材料

土豆500克，海带150克

调料

蒜、葱、酱油、醋、盐、香油各适量

做法

1. 土豆洗净去皮，切成丝，入沸水焯烫，捞出放盘中。

2. 海带泡开洗净，切成细丝，用沸水稍焯，捞出沥水，放在土豆丝上。

3. 蒜切末，葱切丝，同酱油、醋、盐、香油调在一起，浇入土豆丝、海带丝中，拌匀即可食用。

虾仁滑蛋

材料

鸡蛋1个，鲜虾仁100克

调料

盐3克，葱花适量

做法

① 鲜虾仁洗净后切段。

② 取碗，将鲜虾仁用盐腌渍片刻。

③ 将鸡蛋打入碗中，打匀后加入适量盐调味。

④ 锅内油加热，放入蛋液与汆水后的虾仁一起翻炒片刻，撒上葱花即可。

皮蛋豆腐

材料

老豆腐300克，皮蛋4个，芝麻少许

调料

香葱末10克，蒜末10克，香油8毫升，盐5克，味精3克

做法

① 将豆腐洗净，切成小四方块，装盘。

② 皮蛋去壳洗净，切成块状，装入盘中。

③ 把所有调料与芝麻拌匀，淋在豆腐上即可。

肉末紫苏煎蛋

材料

鸡蛋3个，紫苏50克，五花肉150克

调料

盐2克，鸡精1克，油10毫升

做法

① 紫苏洗净取叶剁末；五花肉剁碎备用。

② 鸡蛋打入碗内，放入肉末、紫苏叶末，调入盐、鸡精，搅拌均匀。

③ 煎锅上火，油烧热，倒入已拌匀的蛋糊，煎至底部硬挺时，翻面再煎，至熟，盛出，装盘即可。

西红柿炒鸡肉

材料

鸡肉80克，西红柿100克，洋葱50克，红椒50克

调料

料酒适量，番茄酱10克，盐3克，胡椒粉少许

做法

1. 鸡肉洗净切成小块；西红柿切块；洋葱、红椒切片备用。
2. 锅中放少量油加热，炒番茄酱，加入鸡块、料酒、胡椒粉炒片刻。
3. 再加入洋葱、红椒、西红柿和盐，继续炒10分钟左右即可。

五彩蛋丝

材料

西芹、胡萝卜各100克，蛋皮丝80克，青椒1个，彩椒1个

调料

葱1根，盐2克，鸡精1克，糖3克，油15毫升

做法

1. 西芹洗净切细丝；胡萝卜去皮切细丝；彩椒、青椒去蒂切丝；葱去皮洗净切丝备用。
2. 锅上火，放适量水，调入少许盐、鸡精、糖煮沸，放入切好的原材料，焯一下捞出，沥干水分。
3. 净锅上火，油烧至三成热，爆香葱丝，下备好的原材料，调入剩余的盐、鸡精炒匀后即可出锅。

西红柿木耳炒蛋

材料

鸡蛋1个，菠菜200克，西红柿300克，木耳30克

调料

盐3克

做法

1. 西红柿洗净后切块；木耳泡发洗净后切丝；菠菜洗净切段。
2. 取碗，将鸡蛋打入碗中。
3. 锅内油烧热，下西红柿翻炒片刻后盛出。
4. 将西红柿、菠菜、木耳丝放入蛋液中，加适量盐搅拌，再入油锅翻炒至熟即可。

荷包里脊

材料

猪里脊肉100克，香菇50克，水发笋片、瘦熟火腿各50克，生菜100克，鸡蛋4个，面粉20克

调料

盐3克，淀粉20克

做法

1. 里脊肉、笋片、香菇等均切丁，搅匀成馅；火腿剁碎；生菜平铺在盘里。
2. 鸡蛋打入碗里后，加淀粉和盐搅匀；锅中加油烧热，倒入鸡蛋汁摊成蛋皮，将肉馅放蛋皮上，折过来包住肉馅成荷包状；用筷子蘸上火腿点在荷包凸起的地方。
3. 锅内油烧热，将荷包里脊炸2分钟，捞出放在生菜盘里即成。

鸡汁小白干

材料

小白豆腐干200克

调料

清鸡汤1袋，盐5克

做法

1. 将小白豆腐干加盐焯水，捞出备用。
2. 清鸡汤倒入锅中，放入盐，加入小白豆腐干煮10分钟。
3. 捞出晾凉后装盘即可。

胡萝卜烧羊肉

材料

羊肉600克，胡萝卜300克

调料

姜片、盐、酱油、橙皮各适量

做法

1. 羊肉、胡萝卜分别洗净切块。
2. 油锅烧热，放姜片爆香，倒入羊肉翻炒5分钟，炒香后再加盐、酱油和热水，加盖焖烧10分钟，倒入砂锅内。
3. 放入胡萝卜、橙皮，加水烧开，改用小火慢炖约2小时。

鲮鱼豌豆尖

材料

豆豉鲮鱼罐头25克，豌豆尖120克

调料

盐、味精各3克，香油、生抽各10毫升

做法

1. 豌豆尖洗净，撕成小片，入水中焯一下，盛入盘中。
2. 将罐头鲮鱼取出，撒在豌豆尖上。
3. 再淋上香油、生抽、盐、味精调成的味汁即可。

豆腐狮子头

材料

豆腐300克，鸡蛋2个，西红柿1个，苹果1
个，香蕉1根

调料

白糖20克，淀粉15克

做法

❶ 鲜豆腐压成泥；苹果、香蕉去皮切成粒；
鸡蛋打散；西红柿切块。

❷ 将豆腐泥、蛋液、白糖、淀粉、苹果粒、
香蕉粒和匀，挤成圆球形状放入热油中炸
成金黄色。

❸ 炒锅洗净置于火上，倒入清水，加西红柿
块、白糖，放入豆腐球，勾芡，起锅装盘
即成。

玉米炒红肠

材料

玉米粒300克，胡萝卜10克，红肠150克，香
芹少许

调料

盐5克，鸡精1克

做法

❶ 胡萝卜洗净切粒；玉米粒洗净；香芹洗净
切段；红肠切粒。

❷ 锅中注水烧开，放入玉米粒、胡萝卜过
水，捞出，沥干水分。

❸ 锅中油烧热，放入红肠爆香，放入玉米
粒、胡萝卜、香芹炒匀，加入调味料炒入
味即可。

甜豆鱼丸

材料

鱼肉200克，甜豆100克，鸡蛋2个（取蛋清），面粉、红椒、黄甜椒各适量

调料

盐3克，味精2克，蒜50克，香油适量

做法

1. 甜豆洗净切段；红、黄椒洗净切块；蒜去皮；鱼肉洗净后剁成末。
2. 将鸡蛋清倒入面粉中，加适量清水调成糊；鱼肉末放盐拌匀，挤成丸子后匀裹上面糊。
3. 油锅烧热，将鱼丸炸至金黄色，倒入甜豆、蒜、红椒、黄甜椒，加盐、香油炒至断生，放入味精便可出锅。

青豆焖黄鱼

材料

青豆50克，黄鱼300克，红椒适量

调料

盐、味精各3克，香油各10毫升

做法

1. 黄鱼洗净，剖成两半；青豆洗净；红椒洗净，切片。
2. 油锅烧热，放入黄鱼煎至表面金黄，注入清水烧开。
3. 放入青豆、红椒，盖上锅盖，焖煮20分钟，调入盐、味精拌匀，淋入香油即可。

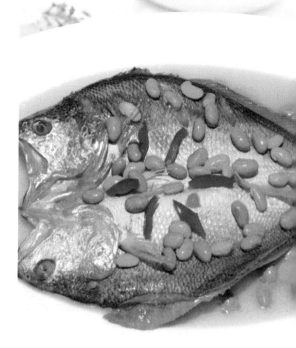

PART5

增强免疫力
食谱

　　刚出生时孩子不易生病，是因为他们的体内有从母体带来的免疫球蛋白；而6个月后这些抗体逐渐消失，免疫力下降了，因而容易生病。此时，除了给孩子打疫苗外，还应该从日常的饮食中加以调理，以提高孩子的免疫力。

0~1岁婴儿

孩子长到6个月时，之前从母体带来的抗体逐渐减少，其自身的抵抗能力还没有完全建立。这时候的孩子容易出现一些上呼吸道感染疾病，最常见的是扁桃体发炎。父母应在这段时期特别重视孩子的饮食和生活，以积极有效的方式增强孩子的体质，提高孩子对疾病的抵抗力。

小米粥

材料

小米50克

做法

❶ 将小米洗净。

❷ 与水一起下锅煲，先用大火烧开，后改小火。

❸ 煲的过程中要不断地搅拌，约煲45分钟至粥稠即可。

绿豆仁粥

材料

绿豆仁60克，白粥40克

做法

❶ 绿豆仁洗净，泡水30分钟后捞出沥干。

❷ 将绿豆仁加水煮至绿豆仁熟烂，捞出。

❸ 再加入白粥拌匀即可。

玉米笋羊肉粥

材料

新鲜嫩羊肉、玉米笋各30克，大米50克

调料

盐适量

做法

❶ 将羊肉放入锅内蒸熟并切成小丁备用。

❷ 将玉米笋切碎备用。

❸ 将所有原料混合在一起煮至软烂加盐即可。

雪梨枸杞粥

材料

雪梨、大米各50克，枸杞10克

调料

冰糖适量

做法

❶ 雪梨去皮、核，取果肉切成小片；大米淘洗净；枸杞洗净。

❷ 大米入锅中，加适量清水煲开后下入梨片、枸杞，煲至梨熟、粥黏稠时端离火口。

❸ 调入冰糖，待凉后即可食用。

牛腩苦瓜燕麦粥

材料

牛腩80克，苦瓜、燕麦片各30克，大米100克

调料

盐、葱花各2克，姜末5克

做法

❶ 苦瓜去瓤，切片；燕麦片洗净；牛腩切片；大米浸泡。

❷ 大米入锅加水，煮沸，入牛腩、苦瓜、燕麦片、姜末，中火熬煮至米粒软散。改小火，待粥熬至浓稠，加盐，撒入葱花即可。

鸡肉燕麦粥

材料

鸡胸肉150克，大米、燕麦各70克，胡萝卜、西蓝花、白果各50克，黄芪、麦门冬各适量

调料

盐2克

做法

❶ 鸡胸肉洗净，取肉切丁，取骨斩件；大米洗净；胡萝卜洗净切丁；西蓝花洗净，掰成朵；白果洗净；黄芪、麦门冬均洗净，与鸡骨一起用棉布包包好。

❷ 锅中倒上水，放入棉布包煮40分钟，取出后倒入大米、燕麦搅匀，锅中再沸时，放上鸡丁、胡萝卜、西蓝花、白果，煮至熟。

❸ 加盐调味即可。

鸡肉香菇干贝粥

材料

熟鸡肉150克，香菇60克，干贝50克，大米80克

调料

盐3克，香菜段适量

做法

❶ 香菇泡发切片；干贝撕成细丝；大米浸泡半小时；熟鸡肉撕细丝。

❷ 大米入锅，加水烧沸，下干贝、香菇，转中火熬煮至米粒开花。

❸ 下入熟鸡肉，转小火将粥焖煮好，加盐调味，撒入香菜段即可。

红豆山楂米糊

材料

大米100克，红豆50克，山楂25克

调料

红糖适量

做法

❶ 红豆洗净，泡软；大米洗净，浸泡；山楂洗净，去蒂、核，切小块。

❷ 将上述材料放入豆浆机中，搅打成糊后盛出，加入红糖搅拌均匀即可。

土豆泥

材料

土豆100克，牛奶适量

做法

❶ 土豆洗净。

❷ 锅注水烧开，入土豆煮透，捞出放凉，剥去皮。

❸ 将土豆碾压均匀，与牛奶一起放入容器中，拌匀即可。

红薯叶泥

材料

红薯叶、苹果各100克，牛奶少许

做法

❶ 红薯叶去梗择叶，洗净；苹果洗净，切小块。

❷ 红薯叶放入沸水锅中稍焯，取出后与苹果一起放入搅拌器中搅拌成泥，倒入碗中。

❸ 加牛奶拌匀即可。

米汤菠菜泥

材料

菠菜150克，米汤适量

调料

盐适量

做法

❶ 菠菜洗净，切成小段。

❷ 将菠菜放入果汁机中，倒入米汤搅匀，倒入碗中。

❸ 加盐调味即可。

鸡蛋泥

材料

鸡蛋2个，牛奶少许

做法

❶ 注水入锅，放入鸡蛋煮熟，捞出待凉，剥去壳。

❷ 将鸡蛋与牛奶放入容器内，碾碎成泥即可。

米汤豆腐泥

材料

鲜豆腐200克，米汤适量

调料

盐适量

做法

❶ 鲜豆腐用清水洗净，捞出沥水。

❷ 锅入水，放入豆腐煮熟，捞出，放入碗中。

❸ 取来汤匙，倒入米汤搅成细末，加盐调味即可。

蛋蒸肝泥

材料

猪肝80克，鸡蛋2个

调料

香油、盐、葱花各少许

做法

❶ 将猪肝中的筋膜除去，切成小片，和葱花一起炒熟。

❷ 将熟制的肝片剁成细末，备用。

❸ 把猪肝、鸡蛋、香油、盐、葱花搅拌均匀，上蒸锅蒸熟。

鳕鱼泥

材料

鳕鱼150克

调料

盐少许

做法

❶ 鳕鱼洗净。

❷ 锅中放入鳕鱼，加水淹没，加盐拌匀后用中火煮透，关火。

❸ 取出鳕鱼剔除鱼刺，放入钵内捣成泥，倒入少许锅中的鱼汤搅拌均匀即可。

南瓜牛奶泥

材料

南瓜150克，牛奶适量

做法

❶ 南瓜去皮去瓤，洗净切小块。

❷ 锅注入水，倒入南瓜煮透。

❸ 将南瓜与牛奶一起放入碗中，捣成泥即可。

猕猴桃泥

材料

猕猴桃200克，枸杞少许

做法

❶ 将猕猴桃洗净去皮，切成小块备用。

❷ 将猕猴桃放入打浆机中打成浆。

❸ 浆液中加入少许温水，放入枸杞后即可食用。

西红柿面包汤

材料

西红柿30克，吐司20克

调料

鸡骨高汤100毫升

做法

❶ 西红柿洗净，去皮切块。

❷ 吐司切成小丁，备用。

❸ 将鸡骨高汤倒入锅中，放入西红柿煮至变软，再加入吐司，煮约1分钟即可。

鸡肝泥

材料

鸡肝300克

调料

盐1克

做法

❶ 鸡肝洗净，汆水后切大块。

❷ 净锅入水，加盐后下入鸡肝煮至熟烂，捞出盛放碗中。

❸ 用汤匙捣碎成泥即可。

孩子处于不断生长发育的阶段，对营养素的需求量相对较多。但由于消化功能未完全成熟，而且食谱往往比较单调，故容易发生营养素的缺乏，造成营养不足，抵抗力就比较差。这个时期的孩子可以多吃一些富含维生素C的新鲜绿色蔬菜和水果或补充一些复合维生素，能有效地增强孩子的抵抗力。

西红柿炒鸡蛋

材料

西红柿200克，鸡蛋2个

调料

白糖10克，盐3克

做法

❶ 西红柿洗净切块；鸡蛋打入碗内，加入少许盐搅匀。

❷ 锅放油，将鸡蛋倒入，炒成散块盛出。

❸ 锅中再放油，放入西红柿翻炒，再放入炒好的鸡蛋，翻炒均匀，加入白糖、盐，再翻炒几下即成。

牛奶煨白菜

材料

牛奶100毫升，白菜150克，枸杞10克

调料

盐少许，味精5克，白糖3克，高汤适量

调料

❶ 将白菜洗净切块；枸杞洗净备用。

❷ 锅上火，倒入高汤，调入盐、味精、白糖，放入牛奶、白菜、枸杞煲至熟即可。

三鲜圣女果

材料

圣女果200克，虾仁100克，西蓝花150克，黑木耳适量

调料

盐3克，鸡精2克，水淀粉适量

做法

❶ 圣女果洗净，对切成两半；虾仁洗净，用刀在表面划浅痕；西蓝花洗净，沥干，掰小朵；黑木耳泡发，摘小朵，洗净沥干。

❷ 锅中注油烧热，依次下入西蓝花、黑木耳、虾仁及圣女果，炒至所有材料熟透。

❸ 加盐和鸡精调味，用水淀粉勾芡，炒匀即可。

炖土豆

材料

牛喉管300克，西红柿1个，土豆1个

调料

盐5克，姜1块，味精2克，胡椒粉3克，高汤500毫升

做法

❶ 土豆洗净去皮，切滚刀块；西红柿洗净切块；姜去皮洗净切片。

❷ 锅中注水烧开，放入牛喉管焯烫，捞出沥干水分。

❸ 锅中油烧热，爆香姜片，放入牛喉管、高汤大火煮开，转用小火煮1小时，放入土豆、西红柿，调入其余调料煮入味即可。

红枣蒸南瓜

材料
老南瓜500克，红枣10颗
调料
白糖10克
做法
1. 将南瓜削去硬皮，去瓤后切成厚薄均匀的片；红枣泡发洗净备用。
2. 将南瓜片装入盘中，加入白糖拌匀，摆上红枣。
3. 蒸锅上火，放入备好的南瓜，蒸约30分钟，至南瓜熟烂即可出锅。

三鲜烩鸡片

材料
蟹柳150克，鸡肉150克，玉米笋80克，竹笋80克，香菇80克，西红柿2个
调料
盐、味精各适量，上汤200毫升
做法
1. 所有原料洗净，鸡肉切片，玉米笋切菱形片，蟹柳切菱形，香菇切片，西红柿去皮切片，竹笋切小段。
2. 将玉米笋、蟹柳、香菇、西红柿、竹笋焯水。
3. 净锅置大火上注油，下入鸡肉略炒，再把焯过水的材料一起炒匀至熟，倒入上汤，煨至菜入味，加其余调味料起锅即可。

豆酱蒸乌头鱼

材料
豆酱50克，乌头鱼1条
调料
姜10克，葱15克，盐5克，味精2克

做法
❶ 姜去皮切片；葱切段；乌头鱼宰杀洗净，用所有调料腌入味。
❷ 将腌好的鱼放入盘中，加入豆酱。
❸ 将备好的鱼放入蒸锅中蒸熟即可。

奶汤河鱼

材料
河鱼1条，油豆腐30克，牛奶、面粉、罐装玉米适量
调料
盐、料酒、浓汤、香菜段各适量
做法
❶ 河鱼洗净，用盐、料酒腌渍片刻；油豆腐洗净；玉米粒入搅拌机中打成糊。
❷ 炒锅加水烧沸，加入面粉、牛奶、玉米糊煮稠，放入河鱼，加入油豆腐、浓汤、香菜一起炖煮至熟即可出锅。

清蒸鲈鱼

材料

鲈鱼700克，红椒丝少许

调料

盐5克，生抽8毫升，姜1块，葱2根

做法

❶ 将鲈鱼洗净后，在鱼身两侧打"一"字花形；姜去皮洗净，切片；葱取1根洗净切丝。

❷ 将切上"一"字的鱼身上夹上姜片，放少许盐码味；取一根洗净的葱放入盘中，再将鱼放在葱上。

❸ 摆入蒸锅蒸约7分钟，蒸熟后取出，去掉葱、姜，再撒上红椒丝、葱丝；锅中留少许油，加入开水一起淋于蒸好的鲈鱼上，再淋上生抽即可。

鹅肝鱼子蛋

材料

鸡蛋2个，鹅肝20克，鱼子酱10克，芹菜叶少许

调料

盐1克，黑胡椒粉少许，橄榄油1匙

做法

❶ 鹅肝洗净，切碎；鸡蛋煮熟，剥壳，切成两半，摆盘备用；芹菜叶洗净。

❷ 平底锅内倒入橄榄油烧至七成热，放入鹅肝炒熟，加盐、黑胡椒粉调味。

❸ 将炒好的鹅肝等分量放入鸡蛋切面上，最后放鱼子酱、芹菜叶点缀即可。

白菜包

材料

豆腐干50克，白菜100克，面团200克

调料

盐3克，鸡精2克，姜15克

做法

❶ 白菜洗净切末；豆腐干切碎；姜去皮切末；白菜加入豆腐干、姜和盐、鸡精拌匀成馅料。

❷ 面团揉匀成长条，下剂按扁，擀成薄面皮；将馅料放面皮中，捏成提花生坯。

❸ 生坯放置醒发1小时后，入锅中蒸熟。

龙须菜炒虾仁

材料

龙须菜300克，虾仁150克

调料

盐4克，味精2克

做法

❶ 龙须菜择去老叶洗净；虾仁洗净备用。

❷ 锅中加水和少许油烧沸，下入龙须菜稍烫后捞出。

❸ 原锅加油烧热，下入虾仁爆香后，加入龙须菜及盐、味精稍炒即可。

灌汤小笼包

材料

面团500克，肉馅200克

做法

❶ 将面团揉匀后，搓成长条，再切成小面剂，用擀面杖将面剂擀成面皮。

❷ 取一面皮，内放50克馅料，将面皮从四周向中间包好。

❸ 包好以后，放置醒发半小时左右，再上笼蒸6分钟至熟即可。

蟹黄汤包

材料

烫面面团300克，猪肉馅100克，猪皮600克，蟹黄、蟹肉各适量

调料

米酒10毫升，糖5克，盐3克，姜10片，葱段5根，胡椒粉3克，香油3毫升

做法

❶ 水烧开，入部分葱、姜及猪皮焖煮90分钟，滤渣待凉，入冰箱冷冻，制成猪皮冻。

❷ 剩余葱、姜切末，放入大碗中，加除面团外的所有材料、其余调料和适量水，拌匀做成馅。

❸ 烫面面团擀成面皮，包入馅料，收口捏紧，沾上蟹黄，放入蒸笼，以大火蒸约6分钟即可。

鲜肉汤圆

材料

糯米粉250克，猪肉馅150克,香菇3个,红葱头3瓣

调料

酱油15毫升，盐3克，糖3克，胡椒粉3克

调料

❶ 糯米粉放入盆中，加入油、水拌匀，搓揉成面团，静置20分钟，再均分为小块。

❷ 香菇泡软去蒂，切丁；红葱头洗净、切碎，放入热锅中加入酱油、盐、糖、胡椒粉、香菇丁及猪肉馅炒匀做成馅。

❸ 小面团略微压扁，分别包入1小匙馅，以手搓揉成汤圆，放入开水中，煮至汤圆浮起，盛出即可。

4 ～ 7 岁学龄前儿童

孩子进入幼儿园后活动能力提高，所需食物的分量也要增加，可逐步让孩子进食一些粗粮类食物，还要引导孩子养成良好而又卫生的饮食习惯，以提高孩子的免疫功能。可以给这个时期的儿童提供少量零食，例如在午睡后，给孩子提供少量有营养的食物或汤水。

手抓羊肉

材料
羊肉500克，生菜、红椒丝各适量

调料
盐、酱油、蒜蓉、葱白丝、香菜段各少许

做法
❶ 生菜洗净，入盘垫底；羊肉洗净，剁成大块，入沸水锅中煮熟，置生菜上，撒上葱白丝、红椒丝、香菜。
❷ 葱末、蒜蓉放入碗中，加入盐、酱油调匀，做成味汁。
❸ 带味汁上桌即可。

香味牛方

材料
牛肉、上海青各500克

调料
盐、香油、酱油、笋片、姜片、丁香各适量

做法
❶ 牛肉洗净，切块，抹一层酱油；上海青洗净，焯水后摆盘。
❷ 油锅烧热，入牛肉，将两面煎成金黄色，加笋片、姜片、丁香、酱油、清水，加盖烧3小时，待牛肉酥烂，汤汁稠浓时，取出丁香，放入盐、香油，起锅摆盘即可。

腰豆鹌鹑煲

材料

南瓜200克，鹌鹑1只，红腰豆50克

调料

盐6克，味精2克，姜片5克，高汤适量，香油3毫升

做法

❶ 将南瓜去皮、籽，洗净切滚刀块；鹌鹑洗净剁块汆水备用；红腰豆洗净。

❷ 炒锅上火倒入油，将姜炝香，下入高汤，调入盐、味精，加入鹌鹑、南瓜、红腰豆煲至熟，最后淋入香油即可。

夏威夷鸡排

材料

鸡肉200克，青椒、红椒和菠萝肉各适量

调料

盐、沙拉酱各少许

做法

❶ 鸡肉洗净切片，抹上盐腌渍入味；青椒、红椒均去籽，洗净切片；菠萝肉洗净，切薄片。

❷ 竹签消毒，将所有食材串起，放入烤箱以150℃烘烤15分钟，取出。

❸ 食用时，均匀地抹上沙拉酱即可。

青豆烧兔肉

材料

兔肉200克，青豆150克

调料

盐、姜各5克，味精、葱各3克

做法

❶ 兔肉洗净，切成大块；姜洗净切末；葱洗净切花。

❷ 将切好的兔肉入沸水中汆去血水。

❸ 锅上火，加油烧热，下入姜末、兔肉、青豆炒熟，加盐、味精、葱花调味即可。

冬笋烩豌豆

材料
蘑菇、豌豆各100克，冬笋、西红柿各50克

调料
姜片、葱段各5克，水淀粉15毫升，盐、味精各3克，香油3毫升，高汤适量

做法

❶ 豌豆洗净，沥干水分；蘑菇、冬笋洗净，切小丁。

❷ 在西红柿上划十字花刀，放入沸水中烫一下，捞出撕去皮，切小丁。

❸ 净锅置大火上，注油烧至五成热时，爆香姜片、葱段，放入豌豆、冬笋丁、蘑菇、西红柿丁炒匀，再放入食盐、味精调味，最后以水淀粉勾薄芡，淋上香油即可。

黄焖鸭

材料
鸭肉300克，鹌鹑蛋200克，草菇50克，胡萝卜30克

调料
葱2根，姜1块，盐、淀粉各5克，胡椒粉4克

做法

❶ 鸭肉洗净剁块；胡萝卜洗净削球形；葱洗净切段；姜洗净切片；草菇洗净。

❷ 鹌鹑蛋煮熟后，剥去蛋壳；鸭肉块汆烫熟，滤除血水备用。

❸ 油锅烧热，入姜片、葱段爆香，加鸭肉、草菇、胡萝卜炒熟，调入盐、胡椒粉，加入鹌鹑蛋，用淀粉勾芡即可。

生菜蟹肉炒面

材料

生菜30克，蟹肉50克，切面100克

调料

盐、味精各少许

做法

❶ 将切面放入锅中煮熟。

❷ 将蟹肉和生菜洗净，切成小段备用。

❸ 将所有原料倒入锅中，炒熟，加调料调味即可。

面疙瘩

材料

面粉350克，鸡蛋2个，胡萝卜、黄瓜各100克

调料

盐5克，味精3克，葱花4克，老汤适量

做法

❶ 面粉加水和成疙瘩状；胡萝卜、黄瓜洗净切丁。

❷ 热油锅爆葱花，下胡萝卜丁、黄瓜丁，加老汤，下面疙瘩煮熟。

❸ 加入打散的鸡蛋及其余调料即可。

黄瓜蟹柳寿司

材料

寿司饭、黄瓜、蟹柳、烤紫菜各适量

调料

酱油15毫升，醋5毫升，芥末适量

做法

❶ 黄瓜洗净，切丝；蟹柳洗净，也切成丝。

❷ 取一竹帘平铺，放上烤紫菜，将寿司饭摆上铺平，压实卷起，切成2等份装盘中。

❸ 将黄瓜丝、蟹柳丝摆在寿司卷上面，食用时蘸调料即可。

杏仁片松糕

材料

面粉150克，杏仁粉、鸡蛋各50克，茯苓粉、杏仁片各少许

调料

泡打粉、细砂糖、色拉油各适量

做法

1 台面上筛入面粉、茯苓粉、泡打粉，打入鸡蛋和匀，再倒入杏仁粉、细砂糖，加色拉油搅拌均匀后即为面糊。

2 将面糊倒入模型中，约8分满，撒上杏仁片。

3 烤箱预热至180℃，将模型放入烤箱中烤约25分钟，取出即可。

蔬菜面疙瘩

材料

包菜丝50克，菠菜、胡萝卜、土豆、猪肉丝各30克，中筋面粉50克

调料

高汤300毫升，盐、味精各适量

做法

1 胡萝卜洗净，切丁；土豆洗净，去皮，切丁；将胡萝卜、菠菜、土豆分别烫熟，打成泥。

2 将中筋面粉分别加入三种泥中，拌成糊状，捏成面疙瘩，入高汤煮开，加入盐煮熟。

3 油锅烧热，放入猪肉丝、包菜丝炒至肉色变白，加入味精和盐调味，盛入面疙瘩中即可。

樱花卷

材料

寿司饭 120克， 鱼松粉少许，烤紫菜、黄瓜丁、腌萝卜、蟹柳、干瓢各适量

调料

酱油15毫升， 芥末5克， 醋适量

做法

1. 将紫菜铺在竹帘上，放上寿司饭，压平。
2. 在寿司饭上均匀地撒上一层鱼松粉。
3. 双手捏住紫菜的两边，翻转过来，让鱼松粉置下、紫菜置于上面。
4. 在紫菜上摆上蟹柳、腌萝卜、黄瓜丁等，撒上干瓢。
5. 把寿司顺着紫菜卷成卷。
6. 将樱花卷从席子中取出。将樱花卷切成小块，蘸料食用即可。

彩色虾仁饭

材料

白米150克，虾仁、青豆、玉米粒、胡萝卜粒各100克，鸡蛋50克，红枣、黄芪各少许

调料

盐、葱段各适量

做法

1. 白米洗净；虾仁洗净，用葱段腌渍一会儿；青豆、玉米粒、胡萝卜粒洗净；红枣、黄芪均洗净。
2. 锅中倒上水，放入红枣、黄芪，用大火炖煮35分钟，去渣留下汤汁，放入白米煮熟，取出；净锅入油烧热，放入虾仁、青豆、玉米粒、胡萝卜粒炒至八成熟，打入鸡蛋炒散，倒入煮熟的白米饭炒匀。
3. 加盐调味即可。

绿茶优酪苹果丁

材料

苹果350克

调料

绿茶粉、优酪乳各适量

做法

❶ 苹果洗净，去皮切细丁，放入盘中。

❷ 取小碗，放入绿茶粉、优酪乳拌成蘸酱。

❸ 取牙签刺上苹果丁，蘸酱食用即可。

西红柿沙拉

材料

西红柿300克，紫包菜100克

调料

沙拉酱适量

做法

❶ 西红柿洗净，切成瓣状，沿着碟沿摆盘。

❷ 紫包菜洗净，切碎，放在盘中央。

❸ 淋上沙拉酱即可。

鲜蔬明虾沙拉

材料

明虾80克，西芹100克，罐头玉米50克，黄瓜片、西红柿各适量，西蓝花少许

调料

沙拉酱适量

做法

❶ 明虾洗净；西芹取梗洗净，切小段；西红柿洗净，切块；西蓝花洗净，掰小朵。

❷ 西芹、西蓝花入沸水焯熟，捞起摆盘，淋沙拉酱，撒玉米粒，摆上黄瓜、西红柿。

❸ 将明虾入沸水氽熟，摆盘即可。

牛肉河粉

材料

河粉60克，牛肉片50克，豆芽、芹菜末各适量

调料

高汤200毫升，香菜适量

做法

❶ 将河粉切小段，放入沸水中煮熟，捞起用冷开水冲凉备用。

❷ 豆芽洗净；香菜洗净，切末。

❸ 将高汤煮沸，加入牛肉片煮熟，加入豆芽、香菜和芹菜煮熟，熄火后加入河粉即可。

胡萝卜蒸糕

材料

低筋面粉110克，胡萝卜50克，泡打粉适量

调料

糖、蜂蜜各50克

做法

❶ 胡萝卜洗净，入沸水煮软后，剁成泥，加入糖和水放入锅中，加热搅拌均匀后捞出。

❷ 加入蜂蜜拌匀，再放入低筋面粉和泡打粉拌成面糊，再倒入蛋糕纸中。

❸ 放入蒸锅蒸熟即可。

千层吐司

材料

吐司150克，调味紫菜、葡萄干各少许

调料

芝麻酱适量

做法

❶ 吐司切成条状，抹上芝麻酱，撒上葡萄干。

❷ 将调味紫菜平铺，匀抹上芝麻酱，再将吐司放置其上，卷成卷儿，用牙签固定住。

❸ 食用时，切成段即可。

肉泥丸子

材料

鸡蛋200克，猪肉250克，香菇10克

调料

盐、姜、葱、香油、水淀粉、酱油各适量

做法

1. 猪肉洗净，剁成肉泥；姜、葱、香菇均洗净剁碎，和肉泥装碗中，加水淀粉、盐、香油、水搅拌至胶状。
2. 鸡蛋煮熟去壳，用肉泥包裹均匀，炸至表面金黄，捞出；油烧热，入炸好的丸子翻炒，加水煮开，加酱油调味，出锅对切。

海味香菇饭

材料

糯米、香菇、海蛎干、干贝、虾仁、鱿鱼丝、板栗、鸭蛋、猪肉各适量

调料

酱油、盐、味精、糖各适量

做法

1. 糯米、虾仁、干贝洗净；香菇、海蛎干均泡发；鱿鱼丝、板栗、鸭蛋煮熟；猪肉洗净切块。
2. 将原材料拌匀放入竹筒蒸30分钟，取出后用调料调成的味汁拌匀。

意大利面沙拉

材料

鲜鱿、蟹柳、带子、石斑、意大利面、口蘑、红波椒各适量

调料

沙拉酱适量，橄榄油15毫升

做法

1. 口蘑洗净切薄片；红波椒切丝；海鲜入烧开的水中稍烫后用沙拉酱拌匀。
2. 水烧开，放入意大利面焯熟，捞出沥干。
3. 油烧热，放入意大利面、海鲜、口蘑片、红波椒炒匀至熟，装盘即可。

PART6

补钙增高食谱

对于正在长高的孩子们来说，营养很重要。虽然有很多营养素都能让孩子长高，但其中最有作用的是钙、蛋白质、维生素和膳食纤维，所以正在成长的孩子要多摄取这些营养素。在日常的饮食中，孩子们应多多食用鱼、牛奶、乳酪、菠菜、黄豆芽、肉类、胡萝卜、豆腐等食材。

0～1岁婴儿

胎儿出生之后脐带被剪断，母体与胎儿之间的营养通道也就此中断了，可小儿的生长发育仍在继续，因而每天都缺少不了对钙的需求。我们知道，婴儿的营养主要来自乳类，而母乳是最理想的婴儿食品。每100克母乳中含钙34毫克，含磷15毫克，两者之比为约2.4:1，这种比例最适合婴儿肠壁对钙的吸收。所以，0～1岁的婴儿应从母乳和辅食中摄取所需的钙质。

百合红枣鸽肉汤

材料

鸽子400克，水发百合25克，红枣4颗

调料

盐5克，葱段、姜片各2克

做法

❶ 将鸽子洗净斩块氽水；水发百合、红枣均洗净备用。

❷ 净锅上火倒入水，调入盐、葱段、姜片，下入鸽子、水发百合、红枣煲至熟即可。

白梨苹果香蕉汁

材料

白梨1个，苹果1个，香蕉1根

调料

蜂蜜适量

做法

❶ 白梨和苹果洗净，去皮去核后切块；香蕉剥皮后切成块。

❷ 将白梨块和苹果块放进榨汁机中，榨出汁。

❸ 将果汁倒入杯中，加入香蕉及适量蜂蜜，一起搅拌成汁即可。

蔬菜乳酪粥

材料

米饭100克，洋葱25克，青椒、红椒各15克，火腿10克，牛奶、乳酪片各适量

调料

盐2克，胡椒粉、奶油、芹菜粉、高汤各适量

做法

❶ 洋葱、青椒、红椒分别洗净，切小丁；火腿去包衣，也切成小丁。

❷ 奶油先下锅烧至融化，再放入洋葱、火腿、青椒、红椒翻炒。

❸ 往锅里放入米饭和高汤，煮至米饭变软为止。

❹ 牛奶倒进锅里煮3分钟，加入盐、胡椒粉调味。

❺ 乳酪放入锅中，稍煮片刻。

❻ 待乳酪融化后，撒上芹菜粉即可。

水果粥

材料

三合一麦片1包，燕麦片30克，苹果、猕猴桃、罐头菠萝各50克

做法

❶ 苹果洗净，去皮及核；猕猴桃洗净，去皮；菠萝罐头打开、取出菠萝；将上述材料均切丁备用。

❷ 三合一麦片撕开包装，倒入碗中，冲入200毫升热开水泡3分钟。

❸ 碗中加入燕麦片、苹果丁、猕猴桃丁及菠萝丁，拌匀即可食用。

姜葱鳜鱼

材料

鳜鱼1条

调料

姜60克，葱20克，盐3克，味精、白糖各5克，鸡汤60毫升

做法

❶ 鳜鱼洗净；姜洗净切末；葱洗净切花。

❷ 锅中注适量水，待水沸时放入鳜鱼煮至熟，捞出沥水装盘。

❸ 锅中油烧热，爆香姜末、葱花，调入鸡汤、盐、味精、白糖煮开，淋在鱼身上即可。

卤海带

材料

海带300克

调料

葱15克，香油8毫升，八角4粒，糖40克，酱油10毫升

做法

❶ 海带洗净，放入滚水中焯烫，捞出沥干，用牙签串起来；葱洗净，切段。

❷ 锅中放入八角、糖、酱油、水，加入海带及葱，大火煮开，转小火卤至海带熟烂，捞出，排入盘中，淋上适量卤汁及香油即可端出。

猪骨煲奶白菜

材料

奶白菜100克，山药50克，枸杞20克，猪排骨400克，党参30克，香芹少许

调料

盐2克

做法

❶ 猪排骨洗净，剁成块；奶白菜洗净；山药、党参均洗净切片；枸杞洗净；香芹洗净，切段。

❷ 锅内注水，下山药、党参、枸杞与排骨一起炖煮1小时左右，加入奶白菜、香芹稍煮。

❸ 加入盐调味，起锅装盘即可。

醋香鳜鱼

材料

鳜鱼1条，西蓝花150克，红椒、蛋清各少许

调料

盐、醋、生抽各适量

做法

❶ 鳜鱼洗净，去主刺，肉切片，留头、尾摆盘；西蓝花洗净，掰小朵，用沸水焯熟；红椒洗净，切圈；醋、生抽调成味汁。

❷ 鱼肉用盐稍腌，再以蛋清抹匀，连头、尾一同放入蒸锅蒸8分钟，取出。

❸ 用西蓝花摆盘，淋上味汁，最后撒上红椒圈即可。

干贝蒸水蛋

材料

鸡蛋3个，湿干贝10克

调料

盐2克，白糖1克，淀粉5克，葱花10克，花生油少许

做法

❶ 鸡蛋在碗里打散，加入湿干贝和葱花以外的调料搅匀。

❷ 将鸡蛋放在锅里隔水蒸12分钟，至鸡蛋凝结。

❸ 将蒸好的鸡蛋撒上葱花，淋上花生油即可。

鲫鱼蒸水蛋

材料

鲫鱼300克，鸡蛋2个

调料

盐3克，酱油2毫升，葱5克

做法

❶ 鲫鱼洗净，改花刀，用盐、酱油稍腌；葱洗净切花。

❷ 鸡蛋打入碗内，加少量水和盐搅散，把鱼放入盛蛋的碗中。

❸ 将盛好鱼的碗放入蒸笼蒸10分钟，取出，撒上葱花即可。

蟹脚肉蒸蛋

材料

鸡蛋1个，鸡蓉1匙，蟹脚肉1匙

调料

高汤100毫升，盐适量

做法

❶ 将鸡蓉、蟹脚肉放入大碗中备用。

❷ 将鸡蛋打散，与高汤、盐拌匀，倒入盛鸡蓉的碗中至八分满。

❸ 蒸锅中倒入水煮沸，将大碗放入蒸笼中，用大火蒸约20分钟至熟。

花生米浆

材料

花生米、糙米、香米各100克

调料

白糖10克

做法

❶ 花生米撕去薄膜，洗净沥干；糙米、香米均洗净，泡水25分钟，捞出沥水。

❷ 将花生米、糙米、香米放入搅拌机中搅碎，再调整搅拌机的研磨度打成细粉。

❸ 锅中倒入水，放入细粉边煮边搅，沸腾时加入白糖煮化，最后用细筛网筛出汁水即可。

牛奶蒸蛋

材料

鸡蛋2个，胡萝卜、牛奶各适量

调料

盐2克，葱6克

做法

❶ 胡萝卜洗净，去皮，切小丁；葱洗净，切末。

❷ 将鸡蛋打碎后放入碗中，加入胡萝卜丁、葱、牛奶和盐搅拌成鸡蛋糊。

❸ 将鸡蛋糊放入锅中蒸至熟，取出即可。

桂圆莲子羹

材料

莲子50克，桂圆肉20克，枸杞10克

调料

白糖10克

做法

❶ 将莲子洗净，泡发；枸杞、桂圆肉均洗净备用。

❷ 锅置火上，注入清水，放入莲子煮沸后，下入枸杞、桂圆肉。煮熟后放入白糖调味即可食用。

2～3岁幼儿

通常2～3岁的幼儿每天需要400～600毫克钙，3～12岁的孩子每天需800～1000毫克的钙。需要强调的是，钙剂的吸收必须有维生素D的参与，如果体内缺乏维生素D，肠道吸收钙剂的能力就会大打折扣了。如果钙吸收良好，磷的吸收也就同时增加了，并在生长的骨骼部位形成钙磷的沉积，使新骨不断生长壮大。2～3岁幼儿可以在饮食之外，适量添加钙剂，以填补身体所缺的钙。

黑宝奶

材料

黑豆、莲子各50克，黄豆、黑糯米各35克，奶粉20克，黑芝麻、核桃仁各15克，黑木耳10克

调料

红糖少许

做法

❶ 黑豆、黄豆、黑糯米分别洗净，泡水后沥干水分；莲子洗净，浸泡；黑木耳泡发洗净，去除杂质，撕成小朵。

❷ 黑芝麻、核桃仁放入碾磨机中磨碎成粉。

❸ 将青仁黑豆、黄豆、黑糯米、莲子、黑木耳放入果汁机中，加300毫升水搅打煮熟成浆，加入红糖、奶粉、黑芝麻、核桃粉，搅拌均匀即可。

板栗小米豆浆

材料

黄豆、板栗肉各40克，小米20克

做法

❶ 黄豆用清水泡软，捞出洗净；板栗肉洗净；小米淘洗干净。

❷ 将上述材料放入豆浆机中，加适量水搅打成豆浆，烧沸后滤出即可。

杏仁大米豆浆

材料

杏仁15克，大米、黄豆各30克

调料

白糖适量

做法

❶ 黄豆用水泡软并洗净；大米淘洗干净；杏仁略泡并洗净。

❷ 将上述材料放入豆浆机中，加适量清水搅打成豆浆，并煮熟。

❸ 过滤后加入适量白糖调匀即可。

莲子菠萝羹

材料

菠萝1个，莲子100克

调料

糖水100毫升，白糖25克

做法

❶ 锅置火上，加清水150毫升，放入白糖烧开。

❷ 莲子泡发洗净，入糖水锅内煮5分钟，晾凉。

❸ 菠萝去皮切成小丁，与糖水及莲子一同装入小碗内即可食用。

糖芋头

材料

芋头1个

调料

白糖400克

做法

❶ 先把芋头削皮，然后切成2厘米×5厘米的长方条。

❷ 用150℃油温把切好的芋头炸熟。

❸ 净锅上火，加入适量清水和白糖，烧成糖胶时放入芋头翻匀便成。

玉米炒土豆

材料

土豆150克，罐头玉米、洋葱、胡萝卜丝各适量

调料

盐、香油、蒜蓉各少许

做法

❶ 土豆去皮洗净，切细丝；洋葱洗净切细；用汤匙舀出玉米备用。

❷ 锅中倒入适量油烧热，放入蒜蓉、玉米滑锅，再倒入土豆、洋葱、胡萝卜丝炒熟。

❸ 加盐、香油炒匀即可。

肉末滑子菇

材料

滑子菇、猪瘦肉各200克，豌豆少许

调料

盐3克，老抽12毫升，蚝油15毫升

做法

❶ 滑子菇洗净，用沸水焯过后晾干备用；猪瘦肉洗净，剁成肉末；豌豆洗净。

❷ 炒锅置于火上，注油烧热，放入肉末稍炒后加入滑子菇、豌豆、盐、老抽、蚝油一起翻炒，至汤汁收浓时，起锅装盘即可。

杏仁大米豆浆

材料

大米、黄豆各30克，杏仁15克

调料

白糖适量

做法

❶ 黄豆用水泡软并洗净；大米淘洗干净；杏仁略泡并洗净。

❷ 将上述材料放入豆浆机中，加适量清水搅打成豆浆，并煮熟。

❸ 过滤后加入适量白糖调匀即可。

芝麻酱凉拌菠菜

材料

菠菜150克

调料

盐、芝麻酱、高汤、酱油、蒜泥各适量

做法

❶ 菠菜洗净，放入开水锅中焯一会，捞出沥干后切段，摆放在盘中。

❷ 净锅倒入少许水烧开，下入所有调味料，做成酱汁。

❸ 将酱汁淋在菠菜上即可。

宝塔菜心

材料

菜心300克，花生米、枸杞、火腿丁各适量

调料

香油15毫升，白糖少许，盐3克，鸡精1克

做法

❶ 将菜心洗净，剁碎，入沸水锅中焯水至熟，捞起沥干水分；花生米洗净，入油锅炸至表皮微红，沥油；枸杞洗净，稍过水。

❷ 将所有原材料加盐、白糖、鸡精、香油搅拌均匀，装盘即可。

清汤鱼圆

材料

草鱼半条，香菇1个，上海青3棵，火腿3片

调料

盐适量

做法

❶ 香菇、上海青洗净；草鱼洗净，鱼肉剁成末，加入凉开水、盐打成浆，挤成鱼丸，放入凉水中用小火煮。

❷ 锅内放入上海青、香菇、火腿片，加盐煮至水正好沸腾时立即关火，盛起即可。

糙米花生粥

材料

糙米150克，花生米50克

调料

盐少许

做法

❶ 糙米、花生米均洗净，泡发15分钟，倒入搅拌机中搅碎。

❷ 锅中注水烧热，将磨好的糙米、花生米倒入锅中煮熟。

❸ 加盐调味即可。

鸡蛋蒸海带

材料

海带丝300克，鸡蛋2个

调料

葱6克，味精2克

做法

❶ 将海带洗净后，再切成小段，入沸水中稍焯后捞出。

❷ 鸡蛋入碗中打散，加入少量水、调味料、海带一起拌匀，放入蒸笼蒸熟。

❸ 待熟后，取出，晾凉，改刀装盘即可。

香炸海带鹌鹑蛋

材料

鹌鹑蛋3个，干海带20克，黑芝麻、白芝麻各少许

调料

盐适量

做法

❶ 鹌鹑蛋放入沸水锅中煮熟，捞出后去壳；干海带切细。

❷ 油锅烧热，加入盐，下入黑芝麻、白芝麻炸香，再倒入干海带炸熟，捞起沥油。

❸ 将海带和鹌鹑蛋摆盘即可。

清蒸扇贝

材料

扇贝400克

调料

盐3克，味精1克，醋8毫升，酱油13毫升，葱适量

做法

❶ 扇贝洗净，取有肉的一片洗净；葱洗净，切花。

❷ 将扇贝排于盘中，撒上葱花，用盐、味精、醋、酱油调成汁淋在上面。

❸ 再放入蒸锅中蒸20分钟后，取出即可食用。

苹果虾球

材料

草虾仁60克，苹果50克，枸杞10克，蛋清10克

调料

沙拉酱5克，淀粉30克

做法

❶ 枸杞洗净，加适量水，放入电锅焖煮，取出待凉，滤取汤汁；

❷ 草虾仁去肠泥，背部剖开，洗净，用纸巾吸取水分，加入蛋清、水淀粉拌匀备用；

❸ 热油锅，放入草虾仁，炸约2分钟捞出，即成虾球；

❹ 苹果削皮，洗净，切小丁，加入虾球拌匀，装盘；

❺ 枸杞汤汁及沙拉酱拌匀，倒入小碟子，食用时蘸用。

豆芽烩蛤蜊肉

材料

豆芽菜100克，蛤蜊300克，芹菜50克，红甜椒70克，枸杞15克

调料

米酒15毫升，盐5克

做法

❶ 枸杞洗净，用清水浸泡后沥干；豆芽菜洗净后去除根部，放入加盐的沸水中氽烫，沥干；蛤蜊泡水吐沙；芹菜洗净切段；红甜椒洗净切丝。

❷ 锅中加水煮沸，放入蛤蜊烫熟，去壳取肉，汤汁留下备用；

❸ 将枸杞、米酒放入蛤蜊汤中，煮约3分钟，放入豆芽菜、芹菜、红甜椒、蛤蜊肉煮沸，再加盐调味即可。

奇味苹果蟹

材料

苹果1个，蟹1只

调料

生粉少许，盐4克，鸡精2克，糖10克，水淀粉15毫升，上汤300毫升，苹果醋10毫升

做法

❶ 将蟹宰杀洗净，用盐、鸡精稍腌，拍上少许生粉，放入热油锅中炸香，装入盘中。

❷ 将苹果切成粒，放入锅中，倒入上汤，加入苹果醋，煮沸。

❸ 往上汤中调入糖、盐，用水淀粉勾薄芡后，盛出，浇淋在盘中的蟹上即可。

果酱鱼丝

材料

鱼肉150克，果酱20克，黄瓜50克，黄甜椒、红椒各适量

调料

盐、味精、香油各适量

做法

❶ 鱼肉洗净，切成条，用盐、味精腌渍15分钟；黄瓜去皮，洗净，切条；黄甜椒、红椒洗净，切丝。

❷ 油锅烧热，下鱼肉滑炒，至颜色微变时放入黄瓜、黄甜椒、红椒炒匀，下盐、味精调味，盛盘。

❸ 将果酱均匀淋在鱼肉上，再淋上香油即可。

油豆腐寿司

材料

米饭1碗，油豆腐150克，胡萝卜、青椒、红椒各少许

调料

盐、白醋、白糖、酱油、鱼汤各适量

做法

❶ 胡萝卜、青椒、红椒均洗净，切成细丁。

❷ 油锅烧热，下入胡萝卜和青椒、红椒炒香，加盐调味，盛起备用。

❸ 将适量的白醋和白糖熬成甜醋。

❹ 将米饭、甜醋和炒好的胡萝卜、青椒、红椒一起放入碗中拌匀，加盐、酱油调味。

❺ 净锅中倒入鱼汤烧热，下入油豆腐煮一会，捞起沥水。

❻ 将调好味的米饭放入油豆腐中，做出一定的形状即可。

菠菜三明治

材料

吐司4片，乳酪片2片，火腿、菠菜各30克，奶油少许

调料

盐、花生酱、柠檬汁、胡椒粉各适量

做法

❶ 菠菜洗净，放入开水锅中焯烫，捞出沥水切末。

❷ 将菠菜、奶油、柠檬汁、盐、胡椒粉拌匀，做成奶油菠菜。

❸ 将花生酱抹在吐司上，再叠上火腿、乳酪片。

❹ 把奶油菠菜均匀涂在乳酪片上，再扣上一片吐司，即成三明治。

❺ 切除三明治的四边，再把奶油菠菜涂抹在完成的吐司两面上。

❻ 把三明治放入无油的锅中，用小火加热，烤至熟即可。

杏仁绿茶糕

材料
米粉、绿茶粉各250克，杏仁片、葡萄干各30克

调料
白糖、盐各适量

做法

❶ 将米粉倒入碗中，用水和匀，再将绿茶粉用筛网过滤到碗中，加盐拌匀。

❷ 碗中加入白糖调味。

❸ 杏仁片、葡萄干均切细丁。

❹ 将切好的杏仁片、葡萄干细丁放入碗中。

❺ 再加入适量水和匀。

❻ 将蒸笼里铺上湿细纱布，并将碗中的材料倒入，蒸熟后切条即可。

4 ～ 7 岁学龄前儿童

儿童补钙是一件需要重视的事情，不少孩子因为缺钙，出现长不高、偏食、"O"型腿等症状。学龄前儿童每天应摄取足够的钙质和磷。

樱桃西红柿柳橙汁

材料

西红柿半个，柳橙1个，樱桃300克

做法

❶ 将柳橙洗净，对切，榨汁。

❷ 将樱桃、西红柿洗净，切小块，放入榨汁机榨汁，以滤网去残渣。

❸ 将做法1及做法2的果汁混合拌匀即可。

西红柿柠檬柚汁

材料

沙田柚半个，柠檬1个，西红柿1个，冷开水200毫升，蜂蜜适量

做法

❶ 将沙田柚洗净，剥开，取果肉，放入榨汁机中榨汁。

❷ 将西红柿、柠檬洗净，切块，与沙田柚汁、蜂蜜、冷开水放入榨汁机内榨成汁。

雪蛤网纹瓜盅

材料

网纹瓜1个，哈士蟆2只，枸杞15克

调料

冰糖适量

做法

❶ 将哈士膜剥开取哈士蟆油（蛤士蟆油就是雪蛤），以清水泡发，挑去杂质，沥干。

❷ 入沸水中煮开，再加枸杞煮约5分钟，加冰糖调味，待凉。

❸ 网纹瓜自蒂头切掉一部分，挖净籽，将已凉的食材倒入即成。

银耳马蹄汤

材料

银耳150克，马蹄12粒，枸杞少许

调料

冰糖适量

做法

❶ 将银耳泡发后洗净，马蹄洗净切片。

❷ 锅中加水烧开，下入银耳、马蹄煲30分钟。

❸ 待熟后，再加入枸杞，下入冰糖烧至溶化即可。

蔬菜优酪乳

材料

生菜、芹菜各50克，西红柿、苹果各1个

调料

优酪乳250克

做法

❶ 生菜洗净，撕成小片；芹菜洗净，切段。

❷ 将西红柿洗净，切成小块；苹果洗净，去皮、核，切成块。

❸ 将所有材料与调料搅打成汁即可。

枸杞南瓜粥

材料

南瓜20克，粳米100克，枸杞15克

调料

白糖5克

做法

❶ 粳米泡发洗净；南瓜去皮洗净切块；枸杞洗净。

❷ 锅置火上，注入清水，放入粳米，用大火煮至米粒绽开。

❸ 放入枸杞、南瓜，用小火煮至粥成，调入白糖入味即成。

黄瓜胡萝卜粥

材料

黄瓜、胡萝卜各15克，大米90克

调料

盐3克，味精少许

做法

❶ 大米泡发洗净；黄瓜、胡萝卜洗净，切成小块。

❷ 锅置火上，注入清水，放入大米，煮至米粒开花。

❸ 放入黄瓜、胡萝卜，改用小火煮至粥成，调入盐、味精即可。

杏仁白萝卜汤

材料

杏仁20克，白萝卜500克

调料

盐适量

做法

❶ 杏仁浸泡去皮。

❷ 白萝卜去皮洗净，切块；锅中水烧开，下入白萝卜、杏仁煮至熟，加适量盐调味，起锅装盘即可。

沙葛薏米猪骨汤

材料

猪排骨300克，薏米、沙葛、枸杞各适量

调料

盐5克，葱花、姜末各6克，高汤适量

做法

❶ 猪排骨洗净、切块、氽水；薏米浸泡洗净；沙葛去皮、洗净切滚刀块；枸杞洗净。

❷ 炒锅上火倒油，将葱、姜炝香，倒入高汤，调入盐，下入猪排骨、薏米、沙葛，枸杞煲至熟即可。

大蒜鸡爪汤

材料

花生米100克，鸡爪两只，青菜20克

调料

蒜100克，盐4克，味精2克

做法

❶ 蒜洗净；花生米洗净浸泡；鸡爪洗净；青菜择洗干净切小段备用。

❷ 净锅上火倒入油，下入蒜煸至金黄色，倒入水，下入鸡爪、花生米煲至熟，调入盐、味精，撒入青菜稍煮即可。

肉末紫菜豌豆粥

材料

大米100克，猪肉50克，紫菜20克，豌豆30克，胡萝卜30克

调料

盐3克，鸡精1克

做法

❶ 紫菜泡发，洗净；猪肉洗净，剁成末；大米淘净，泡好；豌豆洗净；胡萝卜洗净，切成小丁。

❷ 锅中注水，放大米、豌豆、胡萝卜，大火烧开，下入猪肉煮至熟。

❸ 小火将粥熬好，放入紫菜拌匀，加入盐、鸡精调味即可。

三色圆红豆汤

材料

淮山粉50克，红薯100克，芋头100克，糯米粉200克，红豆200克

调料

冰糖200克，红砂糖50克

做法

❶ 红豆洗净泡发，煮熟，加冰糖拌溶即为红豆汤。

❷ 红薯、芋头洗净，去皮，分别蒸熟后拌入部分红砂糖至溶化；红砂糖和开水拌溶化，再和淮山粉拌匀；糯米粉加水拌匀，分成3份，每份拌入1球糯米团和上述材料的其中一种材料，制作成三色圆；将各色圆放入滚水中，煮至浮起后，捞出和红豆汤一起食用即可。

茶树菇炒豆角

材料

茶树菇150克，豆角200克，红椒15克

调料

盐3克

做法

❶ 将茶树菇洗净，切去头、尾；豆角洗净，切段；红椒洗净，去子切丝。

❷ 锅中倒油烧热，放入茶树菇、豆角、红椒，翻炒。

❸ 最后调入盐，炒熟即可。

蔬菜沙拉

材料

黄瓜300克，圣女果50克，土豆、香橙各少许

调料

沙拉酱适量

做法

❶ 黄瓜洗净，切片；土豆去皮洗净，切瓣状，用沸水焯熟备用；圣女果洗净，对切；香橙洗净，切片。

❷ 先将一部分黄瓜堆在盘中，外面淋上沙拉酱，再将其余的黄瓜片围在沙拉酱外面。

❸ 用圣女果、土豆片、香橙片点缀造型即可。

红椒核桃仁

材料

核桃仁300克，荷兰豆150克，红椒30克

调料

盐、味精各3克，香油15毫升

做法

1. 荷兰豆洗净，切段，入盐水锅焯水后捞出摆入盘中。
2. 红椒洗净，切菱形片，焯水后与核桃仁、荷兰豆同拌，调入盐、味精、香油拌匀即可。

炝炒蕨菜

材料

蕨菜400克，红椒50克

调料

葱15克，盐5克，味精3克

做法

1. 蕨菜洗净，切段；葱择洗净，切花；红椒切丝。
2. 先将油放入微波炉中预热2分钟，放入红椒丝爆香。
3. 再加入蕨菜继续在微波炉中加热3分钟，调入盐、味精，撒上葱花拌匀即可。

蚝油笋尖

材料

冬笋500克

调料

蚝油150毫升，盐、味精、老抽、鲜汤、香油各适量

做法

1. 冬笋洗净后，改刀成象牙块盛碗。
2. 再将切好的笋尖入开水中焯透后，捞出盛入碗中备用。
3. 锅中放入香油、蚝油煸炒至香，加入鲜汤、盐、味精、老抽，用小火烧至水分收干，淋在笋尖上即可。

香菇烧山药

材料

山药150克，香菇、板栗、小白菜各50克

调料

盐、淀粉、味精各适量

做法

❶ 山药洗净切块；香菇洗净；板栗去壳洗净；小白菜洗净。

❷ 板栗用水煮熟；小白菜过水烫熟，放在盘中摆放好备用。

❸ 热锅下油，放入山药、香菇、板栗爆炒，调入盐、味精，用水淀粉收汁，装盘即可。

豌豆烩豆腐

材料

豌豆300克，豆腐200克，枸杞10克

调料

盐5克，味精3克

做法

❶ 将豆腐沥去水分后，切成四方体小块。

❷ 锅中加水烧开，下入豆腐、枸杞煮开。

❸ 再加入豌豆煮至熟，调入调味料即可。

上海青豆腐

材料

上海青丁、豆腐丁、鸡胸肉丁、黑豆、红椒各适量，金银花5克，甘草2片

调料

蒜粒10克，淀粉、葱粒各15克，盐5克

做法

❶ 将黑豆、金银花、甘草以3碗水煎煮成1碗。

❷ 鸡肉加盐和淀粉腌渍，入油锅滑熟。

❸ 将葱粒、蒜粒、红椒丁爆香，加入上海青与药汁煮开后，用淀粉勾芡，倒入豆腐丁与鸡丁煮2分钟即可。

豆腐西蓝花

材料

豆腐200克，牛肉、西蓝花各50克，洋葱少许

调料

盐、番茄酱、白糖各适量

做法

❶ 豆腐洗净切块；牛肉洗净切小块；西蓝花洗净，瓣成小朵；洋葱洗净切丁。

❷ 油锅烧热，倒入牛肉炒香，下入西蓝花、洋葱翻炒一会，倒入汤锅中。

❸ 汤锅置火上，倒入适量清水，加入盐、番茄酱和白糖煮至入味即可。

黄豆芽鸡蛋饼

材料

黄豆芽200克，鸡蛋1个，面粉30克

调料

盐3克

做法

❶ 黄豆芽洗净后去头、去尾。

❷ 将鸡蛋打入碗中搅拌均匀，加适量盐调味。

❸ 面粉加水搅拌后倒入蛋液中搅匀。

❹ 最后将黄豆芽放入蛋糊中搅拌，入油锅煎至两面金黄即可。

榨菜煎鸡蛋

材料

鸡蛋2个，西蓝花200克，榨菜丝50克

调料

盐3克

做法

❶ 西蓝花洗净，切成小朵。

❷ 将西蓝花入烧沸的盐水中焯熟后捞出。

❸ 将鸡蛋打入碗中，加适量盐调味。

❹ 榨菜丝放入鸡蛋中搅拌，入油锅煎成蛋饼，切成三角状入盘，再摆上西蓝花即可。

红烧米豆腐

材料

米豆腐300克，猪瘦肉50克，红椒30克

调料

葱花5克，盐4克，鸡精2克，蚝油10毫升，酱油5毫升，水淀粉15克，上汤适量，蒜10克，姜10克

做法

❶ 将蒜切末；姜切末；红椒切碎；猪瘦肉切末备用。

❷ 米豆腐切成小方块，入沸水中烫去腥味，捞出。

❸ 锅上火，油烧热，放入蒜末、姜末、红椒碎、瘦肉末炒香，加入上汤适量，放入米豆腐，调入调味料，煮沸，用少许水淀粉勾芡即成。

三丁豆腐

材料

豆腐300克，火腿50克，香菇2朵，胡萝卜50克，红椒2个

调料

豆瓣酱8克，盐3克，味精2克，生抽5毫升，淀粉5克

做法

❶ 将豆腐洗净后切丁状；火腿、香菇、胡萝卜、红椒均洗净，切成大小均匀的小丁状。

❷ 锅中油烧至六成油温，下入豆腐丁、胡萝卜丁炸熟后捞起。

❸ 锅中留少许底油烧热后，下入所有原材料，调入调料炒匀即可。

粉蒸排骨

材料

排骨300克，米粉100克

调料

豆豉5克，鸡精2克，豆腐乳30克，豆瓣酱15克

做法

❶ 排骨洗净斩段；豆瓣酱、豆豉用油炒香，待凉后加入米粉和其他调味料拌匀。

❷ 将排骨放入蒸盘中，上面铺拌好的调味料，入蒸笼蒸30分钟即可。

冬瓜豆腐汤

材料

冬瓜200克，豆腐100克，虾米50克

调料

香油3毫升，味精3毫升，高汤、食盐各适量

做法

❶ 将冬瓜去皮、瓤洗净，切片；虾米用温水浸泡洗净；豆腐切片备用。

❷ 净锅上火，倒入高汤，调入食盐、味精，加入冬瓜、豆腐、虾米煲至熟，淋入香油即可。

豆芽草莓汁

材料

豆芽100克，草莓50克，柠檬1/3个，黑芝麻3克

做法

❶ 豆芽洗净备用；柠檬洗净，榨汁。

❷ 草莓洗净后去蒂，与豆芽一起放入搅拌机中，加入冷开水、黑芝麻，搅打均匀，再加入柠檬汁即可。

粉蒸羊肉

材料

羊腿肉500克，大米粉200克

调料

葱花、姜末、茴香、八角、草果、香菜、香油、盐各适量

做法

1. 羊肉切片，入葱花、姜末、盐拌匀，腌渍10分钟。

2. 把大米粉、八角、茴香、草果放入锅内炒香，倒出压碎，加少量水，放入大米粉，拌匀装盆，上屉用大火蒸5分钟后取出。

3. 将腌好的羊肉片加蒸好的大米粉拌匀，上屉蒸20分钟，放上香菜，淋上香油即可。

黄瓜烧鹅肉

材料

鲜鹅肉100克，黄瓜120克，红椒1个

调料

盐5克，味精2克，胡椒粉少许，香油适量，淀粉适量，生姜10克

做法

1. 鹅肉切小块；黄瓜去籽切滚刀块；红椒洗净切丝。

2. 鹅肉块入沸水中汆去血水，捞出备用。

3. 烧锅下油，放入姜片、黄瓜、红椒爆炒片刻，调入盐、味精、胡椒粉，下鹅肉炒透，用淀粉勾芡，淋上香油出锅即可。

三色圆红豆汤

材料

山药粉50克，红薯100克，芋头100克，糯米粉200克，红豆200克

调料

冰糖200克，红糖50克

做法

❶ 红豆洗净泡发，煮熟，加入冰糖拌溶即为红豆汤。

❷ 红薯、芋头洗净，去皮，分别蒸熟后拌入适量红糖至红糖溶化；在剩余的红糖中加入开水使其溶化，再和山药粉拌匀；糯米粉加水拌匀，分成3份，每份拌入1球糯米团和上述材料的其中一种材料，制作成三色圆。

❸ 将各色圆放入沸水中，煮至浮起后，捞出和红豆汤一起食用即可。

鳕鱼乳酪炸卷

材料

鳕鱼200克，乳酪4片，紫菜1张，面粉、蛋液、小麦粉各适量

调料

盐、胡椒粉各少许

做法

❶ 鳕鱼洗净切块，加盐、胡椒粉腌渍入味；紫菜洗净切段；将面粉、蛋液、小麦粉调匀成面糊。

❷ 将面糊匀铺在鳕鱼上，再放上紫菜、乳酪片，卷成圆形，再用少许面粉裹在鳕鱼表面。

❸ 油锅烧热，放入鳕鱼炸熟，捞出沥油即可。

鸡肉杏仁

材料

鸡胸肉300克，豌豆、杏仁片、青椒丁、牛奶各少许

调料

盐、蒜蓉、奶油各适量

做法

❶ 鸡胸肉洗净切丝；豌豆洗净，入开水锅中煮熟，捞起沥水备用。

❷ 净锅注油烧热，放入蒜蓉、鸡胸肉炒香，加入青椒、牛奶和盐炒匀，盛入碗中。

❸ 将豌豆、杏仁片放入碗中，抹上一层奶油，放入微波炉中烤15分钟即可。

木瓜鱼片

材料

鱼肉200克，木瓜、莴笋、黑木耳、黄瓜50克

调料

盐3克，味精1克，醋15毫升，生抽10毫升，水淀粉少许，香油20毫升

做法

❶ 鱼肉洗净，切片，用醋浸泡后用清水洗净备用；木瓜、莴笋、黄瓜去皮洗净，切片；黑木耳泡发洗净。

❷ 锅内注油烧沸，放入鱼片、木瓜、莴笋、黑木耳一起翻炒。

❸ 加入盐、味精、醋、生抽、香油调味，以水淀粉勾芡，再以黄瓜片围边即可。

煎白带鱼

材料

白带鱼1条，蛋液各适量

调料

盐、蒜片、白糖、淀粉、番茄酱各适量

做法

❶ 白带鱼洗净，切成小块，放入碗中，加盐腌渍入味。

❷ 将蛋液、淀粉倒入碗中，搅拌均匀。

❸ 油锅烧热，下白带鱼炸至酥脆状，捞出沥油，再下入蒜片炸香，捞起备用。

❹ 另起锅烧热，将番茄酱、白糖和适量水煮成浓稠状的味汁。

❺ 将油炸过的白带鱼放入味汁中煮一会。

❻ 起锅盛入盘中，撒上炸好的蒜片即可。

鱼米之乡

材料

鱼肉、红豆、玉米粒、黄瓜各适量

调料

盐、味精各3克，香油10毫升

做法

❶ 红豆泡发洗净，煮熟后捞出；玉米粒洗净；黄瓜去皮洗净，切丁；鱼肉洗净，切碎粒。

❷ 油锅烧热，下鱼肉炒至八成熟，再入红豆、玉米、黄瓜同炒。

❸ 调入盐、味精炒匀，淋入香油即可。

玉米炒饭

材料

米饭1碗，玉米粒、胡萝卜、洋葱、香菇各25克

调料

盐、番茄酱各少许

做法

❶ 胡萝卜、洋葱均洗净切丁；玉米粒洗净；香菇洗净，泡发撕小片。

❷ 锅注油烧热，放入米饭外的材料炒熟，再倒入米饭炒匀。

❸ 加盐、番茄酱调味即可。

南瓜饼

材料

南瓜100克，糯米面团200克

调料

白糖15克

做法

❶ 南瓜去皮、瓤，洗净切片，入锅中蒸熟，取出压成泥；将南瓜泥、白糖和糯米面团和匀。

❷ 揉成光滑面团，下成40克一个的小剂子。

❸ 放入模子中做成南瓜状，入油锅炸至金黄色即可。

PART7

补铁补锌食谱

　　含铁量较高的食物有：牛肝、鸡肝、麦片、牡蛎、杏干、猪排、牛排、绿豆、李子。含锌量较高的食物有：所有的谷物（包括其幼芽和麸皮）、蛋、奶产品、坚果、豆腐、食叶蔬菜（如莴苣、菠菜、卷心菜等）、食根蔬菜（如葱、土豆、胡萝卜、白萝卜、芹菜等）。

　　儿童要补铁补锌，就应适量多吃以上食物。

0～1岁婴儿

因母乳中铁的生物利用率和吸收率均高于牛奶，所以0～3个月的婴儿的铁质最好从母乳中摄取；4个月后应添加蛋黄、肝泥、肉末、豆粉、煮烂的菜叶等含铁的辅食；牛奶喂养的婴儿可稍提早添加。0～1岁时期，婴儿每天铁的需要量为10～15毫克，最好在每天提供的食物中摄取。

紫菜蛋花汤

材料

紫菜250克，鸡蛋2个

调料

姜5克，葱2克，盐5克，味精3克

做法

❶ 将紫菜用清水泡发后，捞出洗净；葱洗净，切花；姜去皮，切末。

❷ 锅上火，加入水煮沸后，下入紫菜。

❸ 待紫菜再沸时，打入鸡蛋，至鸡蛋成形后，下入姜末、葱花，调入盐、味精即可。

金针菇鲤鱼汤

材料

鲤鱼1尾，金针菇400克，枸杞适量

调料

盐、香菜、姜片、高汤各适量

做法

❶ 鲤鱼洗净；金针菇择洗干净，切成段；将枸杞洗净泡好，备用。

❷ 起油锅，加入高汤，入鲤鱼、姜片，用大火烧开后改小火焖熟，放入金针菇、枸杞，加入盐，除去姜片。盛入汤盆中，撒上香菜即可。

冬瓜鲤鱼汤

材料

鲤鱼1条（450克），冬瓜200克，茯苓25克，红枣（去核）10颗，枸杞15克

调料

盐1小匙，姜片3片

做法

❶ 原材料分别洗净；茯苓压碎用棉布袋包起，一起放入锅中备用。

❷ 鲤鱼洗净去骨、刺，取鱼肉切片，鱼骨用棉布袋包起备用。

❸ 冬瓜去皮切块，和姜片、鱼骨包、茯苓包、红枣、枸杞一起放入锅中，加入水，用小火煮至冬瓜熟透，放入鱼片，转大火煮滚，加盐调味即可。

金针菇鱼头汤

材料

鱼头1个，金针菇150克

调料

高汤1000毫升，鸡精2克，盐3克，姜5克，葱5克

做法

❶ 鱼头洗净去鳃，对切；金针菇洗净，切去根部；葱切花；姜切片。

❷ 鱼头、姜片入锅，用高油温煎黄。

❸ 另起锅下入高汤，加入鱼头、金针菇，煮至汤汁变成奶白色时，加入盐、鸡精稍煮，撒上葱花即可。

核桃仁粥

材料

核桃100克，大米50克

调料

白糖5克

做法

① 将核桃拍碎，取肉备用。

② 再将核桃肉洗净，大米洗净泡发。

③ 核桃仁与大米加水，用大火烧开，再转用小火熬煮成稀粥，调入白糖即可。

枸杞鱼片粥

材料

鲷鱼30克，白饭100克，香菇丝10克，笋丝10克，枸杞5克

调料

高汤5毫升

做法

① 鲷鱼洗净，切薄片；枸杞泡温水备用。

② 香菇丝、高汤、笋丝、白饭放入煮锅，熬成粥状。

③ 加入枸杞、鲷鱼片煮熟即可食用。

红枣带鱼粥

材料

糯米50克，带鱼50克，红枣5粒

调料

香油15毫升，盐5克，葱花15克，姜末10克

做法

① 糯米洗净，泡水30分钟；带鱼洗净切块，沥干水分；红枣泡发。

② 红枣、糯米加适量水大火煮开，转用小火煮至成粥。

③ 加入带鱼烫熟，再拌入香油、盐，装碗后撒上葱花、姜末即可。

生菜鸡丝面

材料

生菜50克，鸡肉20克，龙须面50克

调料

盐、味精各少许

做法

❶ 生菜洗净后切成末。

❷ 将鸡肉煮熟用手撕成细丝，并切成1厘米长的小段。

❸ 将所有原材料、调料混合煮熟即可。

玉米粒拌豆腐

材料

玉米粒20克，豆腐70克

调料

白糖少许

做法

❶ 将玉米粒上屉蒸熟，并切碎。

❷ 豆腐切成小粒，入沸水中煮熟后捞出。

❸ 将豆腐和玉米粒加入白糖拌匀即可。

绿豆芽拌豆腐

材料

绿豆芽20克，豆腐70克

调料

小葱、盐各少许

做法

❶ 将绿豆芽和小葱切成小段，在沸水中焯熟备用。

❷ 将豆腐切块用开水烫一下，放入碗中，并用勺研成豆腐泥。

❸ 将所有原料混合在一起，加小葱、盐拌匀即可。

火腿鸡丝面

材料

阳春面250克，鸡肉200克，火腿4片，韭菜
200克

调料

酱油、淀粉、柴鱼粉、盐、高汤各适量

做法

① 火腿切丝；韭菜洗净切段。

② 鸡肉切丝，加酱油、淀粉腌10分钟。

③ 起油锅，放入韭菜稍炒后，再加火腿拌
炒，加柴鱼粉、盐一起炒匀。

④ 高汤烧开，将面条煮熟，再加入炒好的材
料即可。

三鲜小馄饨

材料

猪肉、馄饨皮各500克，蛋皮、虾皮各50克，
紫菜25克

调料

香菜末50克，盐5克，味精1克，香油少许，
高汤适量

做法

① 猪肉搅碎和盐、味精拌成馅；用馄饨皮包
馅，捏成团即可。

② 在沸水中下入馄饨，加一次冷水即可，捞
起放在碗中。

③ 碗中放蛋皮、虾皮、紫菜、香菜末，加入
盐、煮沸的高汤，淋上香油即可。

汉堡豆腐

材料

豆腐500克，黄瓜适量

调料

盐3克，香菜、香油各适量

做法

❶ 豆腐用凉水冲洗后，放在盐水中浸泡备用。

❷ 锅内水烧开，将豆腐放入水中焯烫后捞起，把豆腐弄碎，用模具定型成汉堡状，中间放入香菜、黄瓜。

❸ 淋上香油和盐调成的味汁即可。

蟹黄豆花

材料

豆腐200克，咸蛋黄、蟹柳各50克

调料

盐3克，蟹黄酱适量

做法

❶ 豆腐洗净切丁，装盘；咸蛋黄捣碎；蟹柳洗净，入沸水烫熟后切碎。

❷ 油锅烧热，放入咸蛋黄、蟹黄酱略炒，调入盐炒匀，出锅盛在豆腐上。

❸ 豆腐放入蒸锅蒸10分钟，取出，撒上蟹柳碎即可。

粉丝鲜虾煲

材料

鲜虾250克，小白菜75克，粉丝20克

调料

盐少许

做法

❶ 将鲜虾洗净；小白菜洗净切段；粉丝泡透切段备用。

❷ 净锅上火倒入水，下入鲜虾烧开，调入盐，下入小白菜、粉丝煮至熟即可。

虾米芋丝蒸水蛋

材料

虾米5克，鸡蛋3个，芋丝1盒

调料

盐1克，鸡精1克，葱3克，酱油3毫升，香油5毫升

做法

① 鸡蛋打入碗里，加入80℃的热水100毫升，加入少许盐、鸡精搅拌均匀备用。

② 虾米洗净切成两段；芋丝对半切段；葱洗净切花。

③ 蒸锅上火，待水热，取一碗，放入虾米、芋丝，倒入调好的鸡蛋，放蒸锅中，蒸约10分钟，至熟，撒上葱花，淋上香油、酱油即可。

青红椒炒虾仁

材料

虾仁200克，青椒、红椒各100克，鸡蛋1个

调料

味精、盐、胡椒粉、淀粉各少许

做法

① 青椒、红椒洗净，切丁备用；鸡蛋打散，搅拌成蛋液。

② 虾仁洗净，放入鸡蛋液、淀粉、盐码味后过油，捞起待用。

③ 锅内留油少许，下青椒、红椒炒香，再放入虾仁翻炒入味，起锅前放入胡椒粉、味精、盐调味即可。

2～3岁幼儿

　　父母供给孩子食物时一定要结合孩子的年龄、消化功能等特点，营养素要齐全，量和比例要恰当。食物不宜过于精细、过于油腻、调味品过重以及带有刺激性。此时期供给幼儿的补铁补锌食物最好能品种多样，烹调时不要破坏营养素，并且做到色、香、味俱佳，以增加幼儿的食欲。

香菇鸡粥

材料

香菇50克，鸡腿1个，大米75克

调料

盐3克

做法

❶ 鸡腿洗净剁成块。

❷ 香菇用温水泡发；大米洗净。

❸ 先将大米放入煲中，加清水适量，煲开后，稍煮一会，再下入香菇、鸡块，煲成粥即可。

糯米红枣

材料

红枣200克，糯米粉100克

调料

白糖30克

做法

❶ 将红枣泡好，去核。

❷ 糯米粉用水搓成团，放入红枣中，装盘。

❸ 用白糖泡水，倒入红枣中，再将整盘放入蒸笼蒸5分钟即可。

猪肉蛋羹

材料

鸡蛋3个(约150克)，猪肉150克

调料

蒜末、花生油、酱油、盐、味精、葱末、姜末、淀粉各适量

做法

① 将鸡蛋、水、盐搅匀，上蒸锅蒸熟，制成蛋羹。

② 将肉洗净切碎，入锅，加入剩余的调料炒熟。

③ 将炒熟的肉末倒入蛋羹中即可。

韭菜花烧猪血

材料

韭菜花100克，猪血150克，红椒1个

调料

姜1块，蒜10克，辣椒酱30克，豆瓣酱20克，盐5克，鸡精2克，上汤200毫升

做法

① 猪血切块；韭菜花切段；姜切片；蒜去皮切片；红椒切块。

② 锅中水烧开，放入猪血焯烫，捞出沥水。

③ 油烧热，爆香蒜、姜、红椒，加入猪血、上汤及其余调料煮入味，再加入韭菜花稍煮即可。

红枣桂圆粥

材料

大米100克，桂圆肉、红枣各20克

调料

红糖10克，葱花少许

做法

❶ 大米淘洗干净，放入清水中浸泡；桂圆肉、红枣洗净备用。

❷ 锅置火上，注入清水，放入大米，煮至粥将成。

❸ 放入桂圆肉、红枣煨煮至酥烂，加红糖调匀，撒葱花即可。

莲藕糯米粥

材料

鲜藕、花生、红枣各15克，糯米90克

调料

白糖6克

做法

❶ 糯米泡发洗净；莲藕洗净切片；花生洗净；红枣去核洗净。

❷ 锅置火上，注入清水，放入糯米、藕片、花生、红枣，用大火煮至米粒完全绽开。

❸ 改用小火煮至粥成，加入白糖调味即可。

鱼片蒜粥

材料

鱼肉50克，大米100克

调料

蒜5瓣，盐3克，味精2克，姜丝、香油、葱花各适量

做法

❶ 大米淘洗干净，加水浸泡35分钟；鱼肉切片，抹上盐略腌；蒜洗净切末。

❷ 锅中放入大米，加适量清水煮至五成熟。

❸ 放入鱼片、姜丝、蒜末煮至米粒开花，加盐、味精、香油调匀，撒上葱花即可。

鸡腿瘦肉粥

材料

鸡腿肉150克，猪肉100克，大米80克

调料

姜丝4克，盐3克，味精2克，葱花2克，香油适量

做法

1. 猪肉洗净，切片；大米淘净，泡好；鸡腿肉洗净，切小块。
2. 锅中注水，下入大米，大火煮沸，放入鸡腿肉、猪肉、姜丝，中火熬煮至米粒软散。
3. 文火将粥熬煮至浓稠，入盐、味精调味，淋香油，撒入葱花即可。

山药豆腐汤

材料

豆腐400克，山药200克

调料

蒜头1瓣，花生油、老抽、麻油、葱花、盐、味精各适量

做法

1. 山药去皮，豆腐用沸水焯烫，将山药和豆腐分别切成丁；蒜去皮洗净剁成蓉。
2. 花生油烧至五成热，爆香蒜蓉，倒入山药丁翻炒数遍。
3. 加入适量清水，待沸倒入豆腐丁，调入老抽、麻油、葱花、盐、味精即可。

葱炒木耳

材料

黑木耳300克

调料

大葱150克，盐3克，味精1克，酱油3毫升

做法

1. 黑木耳洗净泡发，再撕成小片，入开水中烫熟；大葱斜切成片状备用。
2. 炒锅倒油烧热，放入葱片爆香，加入黑木耳翻炒。
3. 调入酱油、盐、味精入味，炒熟即可。

樱花虾上汤芦笋

材料

芦笋250克，樱花虾、火腿各100克

调料

盐3克，蚝油15毫升，香油10毫升，上汤适量

做法

1. 芦笋洗净，切段，入锅煮熟，捞出装盘；樱花虾洗净，剪去虾须后汆水；火腿洗净，切丝。
2. 将所有原材料装盘中。
3. 将盐、蚝油、香油、上汤调匀，淋在盘中即可食用。

蜜汁糖藕

材料

莲藕200克，糯米适量

调料

桂花糖10克，蜂蜜10克

做法

1. 莲藕洗净，切去两头；糯米洗净泡发；桂花糖、蜂蜜加开水调成糖汁。
2. 把泡发好的糯米塞进莲藕孔中，压实，放入蒸笼中蒸熟，取出。
3. 待莲藕凉后，切片，淋上糖汁即可。

冬菇蚝油菜心

材料

冬菇200克，菜心150克

调料

盐5克，鸡精3克，酱油5毫升，蚝油50毫升，高汤适量

做法

❶ 冬菇洗净，用高汤煨入味；菜心洗净，择去黄叶。

❷ 将菜心入沸水中汆烫至熟。

❸ 油锅置火上，加入蚝油，下入菜心、冬菇，和其余调料一起炒入味即可。

蜂蜜蒸南瓜

材料

南瓜500克，红枣300克，百合15克，葡萄干15克

调料

蜂蜜20克

做法

❶ 南瓜削去外皮，洗净切片；红枣、百合、葡萄干分别洗净。

❷ 将南瓜片整齐地摆入碗中，旁边摆上红枣，上面撒上百合、葡萄干。

❸ 淋上蜂蜜，入笼蒸至南瓜酥烂即可。

胡萝卜芥菜汤

材料

胡萝卜250克，芥菜、香菇、竹笋各50克

调料

素高汤、盐各适量

做法

❶ 胡萝卜洗净去皮，切片；香菇泡软，洗净，去蒂，切片，放入素高汤内煮好。

❷ 竹笋洗净切片；芥菜洗净，片成大片，用热水焯过，捞出过凉。

❸ 将所有原料放入素高汤内煮熟，加入盐调味即可。

菠菜西红柿炒蛋

材料

鸡蛋1个，菠菜100克，西红柿1个，吐司1片

调料

盐3克

做法

1. 菠菜洗净后切段；西红柿洗净后切小块；吐司洗净，切条。
2. 锅内水烧开，将菠菜焯水后捞出，沥干水分。
3. 将鸡蛋打入碗中，打匀后加入适量盐调味。
4. 再放入菠菜段、西红柿块、吐司条搅拌，锅内油烧热，下锅炒熟即可。

菠菜豆腐卷

材料

菠菜500克，豆腐皮150克，红椒适量

调料

盐4克，味精2克，酱油8毫升

做法

1. 菠菜去须根，洗净；红椒洗净，切丝；豆腐皮洗净备用。
2. 将上述材料分别放入开水中稍烫，捞出，沥干水分。菠菜切碎，加盐、味精、酱油搅拌均匀。
3. 将拌好的菠菜放在豆腐皮上，卷起来，均匀切段，摆盘，放上红椒丝即可。

珍珠圆子

材料

五花肉400克，糯米50克，马蹄50克，鸡蛋2个

调料

盐5克，味精2克，姜1块，葱15克

做法

① 糯米洗净，用温水泡2小时，沥干水分；五花肉洗净剁成蓉；马蹄去皮洗净，切末；葱、姜洗净切末；鸡蛋打散。

② 肉蓉加上所有调味料、鸡蛋液一起搅上劲，再挤成直径约3厘米的肉圆，依次蘸上马蹄末、糯米。

③ 将糯米圆子放入笼中，蒸约10分钟取出装盘即可。

黄花鱼豆腐煲

材料

黄花鱼400克，豆腐100克

调料

盐适量，味精3克，葱段5克，香菜20克

做法

① 将黄花鱼宰杀洗净改刀；豆腐切小块；香菜择洗干净切段备用。

② 锅上火倒入油，将葱炝香，下入黄花鱼煸炒，倒入水，加入豆腐煲至熟，调入盐、味精，撒入香菜段即可。

韭菜花炒虾仁

材料

韭菜200克，虾200克

调料

盐5克，鸡精2克，姜5克

做法

❶ 韭菜洗净后切成段；虾剥去壳取仁，挑去泥肠洗净；姜切片。

❷ 锅上火，加油烧热，下入虾仁炒至变色。

❸ 再加入韭菜段、姜片炒至熟软，调入调料即可。

家常生鱼煲

材料

生鱼200克，青菜100克

调料

高汤适量，盐5克，鸡精3克

做法

❶ 将生鱼洗净，斩块汆水；青菜洗净。

❷ 净锅上火倒入高汤，下入生鱼、青菜，调入盐、鸡精煲至熟即可。

宝宝营养手记 生鱼肉质细嫩、厚实、少刺，营养丰富，可强身健体。同时，还含有宝宝成长所必需的优质蛋白质、钙、铁、磷等营养素以及增强记忆的微量元素。

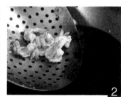
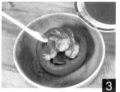

西红柿焗虾

材料

西红柿1个，大虾1只（约40克）

调料

番茄汁15毫升，米醋5毫升，糖10克，淀粉15克

做法

❶ 西红柿洗净，去蒂，去籽，用热水稍烫后去掉表皮，制成盅状；虾去壳后在中间开一刀。

❷ 将虾均匀裹上淀粉，入油锅炸至金黄色，捞出沥油。

❸ 锅中注入水，调入番茄汁、糖、米醋煮开，放入虾稍煮，盛入西红柿盅内即可。

黄瓜章鱼煲

材料

章鱼250克，黄瓜200克

调料

高汤适量，盐5克

做法

❶ 将章鱼洗净切块；黄瓜洗净切块备用。

❷ 净锅上火倒入高汤，调入盐，下入黄瓜烧开5分钟，再下入章鱼煲至熟即可。

香煎带鱼

材料

带鱼500克

调料

酱油3毫升，盐5克，味精3克，葱5克，姜5克

做法

① 带鱼洗净，切段；姜切丝；葱洗净，切丝。

② 带鱼块用盐、酱油、味精、姜、葱丝腌渍入味。

③ 煎锅上火，加油烧热，下入鱼块煎至两面金黄色即可。

板栗土鸡瓦罐汤

材料

土鸡1只，板栗200克，红枣10克

调料

姜片10克，盐5克，味精2克

做法

① 将土鸡宰杀后去净毛桩，去内脏，洗净切件备用；板栗剥壳，去皮备用。

② 净锅上火，加入适量清水，烧沸，放入鸡肉、板栗，滤去血水备用。

③ 将鸡肉、板栗转入瓦罐里，放入姜片、红枣，调入盐、味精，再将瓦罐放进特制的大瓦罐中，用木炭火烧至材料熟烂即可。

香芹炒鱿鱼

材料

西芹300克，鱿鱼300克

调料

盐5克，鸡精2克，香油3克，蚝油5毫升，胡椒粉2克，料酒3毫升，葱3根，姜1块

做法

① 先将鱿鱼洗净后切成条；西芹切段；葱、姜洗净，葱切段，姜切丝。

② 锅内烧水，放入鱿鱼汆烫，沥干水分后备用；锅内放少许油，将油烧热，放入西芹、鱿鱼炒香。

③ 再将料酒、胡椒粉、蚝油、盐、鸡精放入锅内一起翻炒，最后淋入香油起锅即可。

罗汉大虾

材料

对虾1只，净对虾肉50克，黑芝麻少许

调料

盐2克，味精1克，番茄酱、香油各适量

做法

① 净对虾肉剁成泥，加盐、味精拌匀后团成丸子；对虾洗净，尾部切开。

② 油锅烧热，倒入番茄酱炒匀，放对虾，加盐炒熟后装盘，淋上香油。

③ 锅内注入清水烧开，放虾肉丸煮熟，蘸上黑芝麻摆盘即可。

鱼头豆腐砂锅

材料

鱼头1个，豆腐300克，香菇20克，熟冬笋50克

调料

花生油300毫升，盐3毫升，味精5克，胡椒粉4克，高汤1500毫升，猪油50克

做法

1. 鱼头去鳞鳃，洗净切块；豆腐切角；香菇泡发洗净，去蒂切片；冬笋切厚片。
2. 锅中注入花生油烧热，下入豆腐、鱼头稍炸，捞出沥油。
3. 另起油锅，加猪油烧热，加入高汤、香菇、冬笋、盐、胡椒粉烧沸后倒入砂锅中，烧沸，放入鱼头、豆腐煮入味，调入味精即可。

盐水虾

材料

草虾190克

调料

盐5克，糖10克，白醋10毫升，酱油膏、海山酱各8克，姜2片，葱2棵

做法

1. 葱洗净，切段；姜洗净，取1片切末；草虾剪去须足，去肠泥，洗净。
2. 锅中倒入3杯水煮开，放入葱、姜略煮，加入草虾煮熟，捞出葱、姜，即可盛盘端出。
3. 糖、白醋、酱油膏、海山酱加少许凉开水放入碗中，加入姜末调匀，食用时，剥去虾壳蘸食即可。

鸡蛋馄饨

材料

鸡蛋1个，韭菜50克，馄饨皮50克

调料

盐5克，味精4克，白糖8克，香油少许

做法

1. 韭菜洗净切粒；鸡蛋煎成蛋皮后切丝。
2. 将韭菜、蛋丝放入碗中，调入调料拌匀成馅。
3. 将馅料放入馄饨皮中央。
4. 取一角向对边折起。
5. 折至三角形状。
6. 将边缘捏紧即成。
7. 锅中注水烧开，放入包好的馄饨。
8. 盖上锅盖煮3分钟即可。

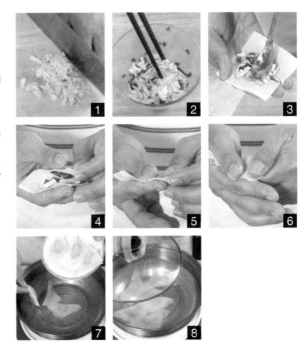

羊肉馄饨

材料

羊肉100克，馄饨皮100克

调料

葱50克，盐5克，味精4克，白糖16克，香油少许

做法

① 羊肉剁碎；葱择洗净切花。

② 将羊肉放入碗中，加入葱花，调入其余调料拌匀成馅。

③ 将馅料放入馄饨皮中央。

④ 慢慢折起，使皮四周向中央靠拢。

⑤ 直至看不见馅料，再将馄饨皮捏紧。

⑥ 将头部稍微拉长，使底部呈圆形。

⑦ 锅中注水烧开，放入包好的馄饨。

⑧ 盖上锅盖煮3分钟即可。

海鲜沙拉船

材料

哈密瓜半个，虾、蟹柳各150克，芹菜、胡萝卜各50克

调料

盐5克，生姜15克，沙拉酱适量

做法

1. 哈密瓜挖瓤，修边作为器皿；芹菜洗净，切段；胡萝卜洗净，切花片；虾洗净；蟹柳洗净，切段。

2. 芹菜、胡萝卜入开水中稍烫，捞出；虾、蟹柳放入清水锅，加盐、生姜煮好，捞出；将上述备好的食材与哈密瓜肉一起放入器皿里，食用时蘸沙拉酱即可。

红枣奶油蛋糕

材料

奶油105克，全蛋100克，低筋面粉100克，高筋面粉25克，红枣100克，杏仁片适量

调料

蜂蜜10克，糖粉75克，奶香粉1克，泡打粉3克

做法

1. 把蜂蜜、奶油、糖粉混合，打至奶白色。

2. 分次加入全蛋拌匀至无液体状。

3. 加入低筋面粉、高筋面粉、泡打粉、奶香粉拌至无粉粒。

4. 加入红枣拌匀。

5. 装入裱花袋，挤入烤盘内的纸托里至八分满，在表面上撒上杏仁片装饰。

6. 入炉，以150℃的炉温烘烤约25分钟，至完全熟透，出炉冷却即可。

4 ~ 7 岁学龄前儿童

学龄前儿童的活动能力和范围增加，正处于体、脑发育期，补充充足、合理的营养尤为重要。学龄前儿童的膳食安排，除了应遵循幼儿时期的膳食原则外，食物的分量要增加，并逐渐让孩子进食一些粗杂粮，引导其养成良好的饮食习惯。学龄前儿童的食物种类与成年人相接近，包括谷类、畜禽水产类、蛋类、奶及奶制品、大豆及其制品、蔬菜、水果、烹调油和食糖等。在食物搭配上尽量做到膳食多样化，合理搭配，补铁补锌才能营养全面。

爽滑牛肉粥

材料

粥1碗，牛肉100克

调料

盐3克，鸡精1克，姜1块，葱1根

做法

❶ 牛肉洗净切块；姜洗净切丝；葱择后洗净切花。

❷ 粥放入锅内，煮开后加入姜丝、牛肉块，煮1~2分钟。

❸ 撒上葱花，加入调味料即可食用；

芹菜炒花生米

材料

花生米200克，芹菜50克，胡萝卜丁50克

调料

茄汁10毫升，盐3克，味精2克，糖3克

做法

❶ 芹菜去叶，切末，下入锅中过水后捞出。

❷ 花生米洗净，放入油锅中，加入盐、味精、白糖，再下芹菜末、胡萝卜丁一起炒入味。

❸ 盛出装盘，加茄汁拌匀即可。

河塘小炒

材料
莲藕150克，荷兰豆、草菇各100克，红椒、黄甜椒各30克

调料
盐3克

做法
1. 将莲藕去皮，洗净，切片；荷兰豆洗净，摘去老筋；草菇洗净，对半切开；红椒、黄甜椒洗净，去子，切块。
2. 锅中油烧热，放入莲藕、荷兰豆、草菇、红椒、黄甜椒，翻炒。
3. 调入盐，炒熟即可。

花生菠菜

材料
菠菜200克，花生米50克

调料
盐3克，味精1克，酱油5毫升，香油适量

做法
1. 菠菜洗净，切段，用沸水焯熟。
2. 油锅烧热，下花生米炒熟。
3. 将菠菜、花生米放入盘中，加入盐、味精、酱油、香油拌匀即可食用。

双菌烩丝瓜

材料
滑子菇、平菇各200克，青椒15克，丝瓜300克

调料
盐3克，鸡精1克

做法
1. 丝瓜去皮，洗净切段；滑子菇去蒂洗净，焯水捞出；平菇洗净撕成片；青椒斜切片。
2. 炒锅倒油烧至六成热时，放入丝瓜煸炒2分钟后，倒入滑子菇、平菇、青椒片快炒翻匀。加盐、鸡精翻炒出锅即可。

橙子藕片

材料

藕300克，橙子1个

调料

橙汁20毫升

做法

❶ 莲藕去皮后切成薄片；橙子洗净，切成片。

❷ 锅中加水烧沸，下入藕片煮熟后捞出。

❸ 将莲藕与橙片在锅中拌匀，再加入橙汁拌匀即可装盘。

腐乳香芹脆藕

材料

莲藕300克，芹菜100克，红椒5克

调料

红腐乳10克，盐2克

做法

❶ 莲藕洗净，去皮切片；芹菜洗净切段；红椒洗净切丝。

❷ 锅中倒油烧热，下入藕片炒熟，加入芹菜。

❸ 倒入红腐乳和盐炒至入味，加入红椒炒匀即可。

白果扒上海青

材料

上海青300克，白果20克

调料

盐3克，鸡精1克

做法

❶ 上海青洗净，对切成两半；白果洗净，去壳、去皮备用。

❷ 炒锅倒油烧热，下入上海青炒熟，加盐和鸡精调好味，出锅装盘。

❸ 将白果炒熟，装饰在上海青上即可。

盐水鸡

材料

土鸡腿1只

调料

盐3克，米酒10毫升，八角1粒，花椒3粒，姜2片，葱1根

做法

1. 葱洗净，切成小段；姜洗净，切成丝，一半泡入冷开水中备用。

2. 鸡腿洗净，放入开水中加入葱段及另一半姜丝、八角及花椒粒煮开，改小火续煮5分钟。

3. 盖上锅盖，熄火，焖45分钟后，捞出，沥干。

4. 鸡腿均匀抹上盐、米酒，待凉后切块，盛出，食用时搭配泡过开水的姜丝即可。

椰汁芋头鸡翅

材料

芋头110克，鸡翅4只，香菇2个，椰奶200毫升

调料

酱油15毫升，糖5克，水淀粉10克，香油8毫升

做法

1. 香菇泡软，去蒂；芋头去皮洗净，切块。

2. 芋头块放入热油锅中炸至表面金黄，捞出沥油。

3. 鸡翅洗净，放入碗中加入酱油腌20分钟，再放入热油锅中炸至金黄。

4. 锅中倒油烧热，放入香菇以小火爆香，加入糖、椰奶、20毫升水煮开，再加入芋头及鸡翅焖煮至汤汁快收干，最后加入水淀粉勾芡，淋上香油，即可盛出。

山药烧猪排

材料

猪排骨500克，山药200克

调料

姜5克，葱7克，味精5克，盐3克，胡椒粉2克，鲜汤少许

做法

1. 猪排骨洗净，斩成条块；山药洗净，切成滚刀块，蒸熟至烂；姜拍破；葱切段。

2. 净锅上火，油烧热后下姜、葱爆香，下排骨煸炒至表面色白，掺鲜汤烧沸。

3. 调入盐、味精、胡椒粉，烧至排骨八成熟时，下入山药烧熟即可。

腐竹银芽黑木耳

材料

腐竹150克，绿豆芽100克，黑木耳100克

调料

姜10克，香油6毫升，盐5克，味精2克，水淀粉15克，上汤200毫升

做法

1. 腐竹泡发切成长段；姜去皮切末；绿豆芽择洗干净，焯水后捞出；黑木耳泡发洗净。

2. 锅加油烧热，放入姜末爆香，再放入绿豆芽、黑木耳煸炒几下。

3. 加入上汤、盐、味精，倒入腐竹，用小火烧3分钟，再转大火收汁、勾芡，淋入香油即可。

香菇拌豆角

材料

嫩豆角300克，香菇60克，玉米笋100克

调料

酱油10毫升，白糖3克，盐、味精各少许

做法

❶ 香菇洗净泡发，切丝，煮熟，捞出晾凉。

❷ 将豆角洗净切段，烫熟，捞出待用。

❸ 将玉米笋切成细丝，放入盛豆角段的盘中，再将煮熟的香菇丝放入，加入盐、白糖、味精拌匀，腌20分钟，淋上酱油即可。

竹笋炒猪血

材料

猪血200克，竹笋100克

调料

酱油5毫升，料酒10毫升，葱花10克，水淀粉、盐各适量

做法

❶ 猪血切成小块；竹笋去皮洗净，切成片。

❷ 猪血、竹笋一起于锅中焯水待用。

❸ 炒锅上火，注入油烧热，下葱花炝锅，加入竹笋、猪血、料酒、酱油、盐翻炒至熟，最后用水淀粉勾芡即可。

炒腰片

材料

猪腰1副，黑木耳、荷兰豆、胡萝卜各50克

调料

盐4克

做法

❶ 猪腰去臊线，洗净；切片。将猪腰汆烫，捞起。

❷ 黑木耳洗净切片；荷兰豆撕边丝洗净；胡萝卜削皮洗净切片。

❸ 炒锅加油，下黑木耳、荷兰豆、胡萝卜片炒匀，将熟前下腰片，加盐调味，拌炒腰片至熟即可。

菠菜炒猪肝

材料

猪肝、菠菜各300克

调料

盐、白糖、淀粉、料酒各适量

做法

1. 猪肝洗净切片,加料酒、淀粉腌渍;菠菜洗净切段。
2. 油烧热,放入猪肝,以大火炒至猪肝片变色,盛起;锅中继续加热,放入菠菜略炒一下,加入猪肝、盐、白糖炒匀即可。

清蒸羊肉

材料

羊肉500克,枸杞少许

调料

盐2克,醋8毫升,生抽10毫升,香菜少许

做法

1. 羊肉洗净,切片;枸杞泡发,洗净;香菜洗净,切段。
2. 将羊肉装入盘中,加入盐、醋、生抽拌匀,再放入枸杞。
3. 羊肉放入蒸锅中蒸30分钟,取出撒上香菜。

枸杞汽锅鸡

材料

枸杞20克,乌鸡100克,红枣适量

调料

盐5克,鸡精5克,花雕酒10毫升,生姜适量

做法

1. 乌鸡洗净斩块;枸杞洗净泡发;生姜洗净切片。
2. 锅内注水烧开,放乌鸡块焯烫,捞出。
3. 将所有材料和调料放入盅内,入蒸锅蒸30分钟,至乌鸡熟烂入味即可食用。

韭菜肉包

材料
韭菜250克，猪肉100克，面团500克

调料
盐3克，白糖35克，味精3克，香油少量

做法
① 韭菜、猪肉分别洗净，切末，与所有调料一起拌匀成馅。

② 将面团下成大小均匀的面剂，再擀成面皮，取一面皮，内放20克馅料。

③ 再将面皮的边缘向中间捏起。

④ 打褶包好，放置醒发1小时左右，再上笼蒸熟即可。

荷兰豆炒墨鱼

材料
百合100克，荷兰豆100克，墨鱼150克

调料
味精5克，白糖5克，盐2克，淀粉10克，蒜片、姜片、葱白各15克

做法
① 百合洗净掰成片；荷兰豆去筋洗净；墨鱼洗净，切片备用。

② 烧锅下油，放入姜、蒜、葱炒香，加入百合、荷兰豆、墨鱼片一起翻炒。

③ 加入盐、味精、白糖炒匀，再用淀粉勾芡即可。

茯苓豆腐

材料

老豆腐500克，茯苓30克，香菇、枸杞各适量

调料

盐、清汤、淀粉各适量

做法

1. 豆腐洗净挤压出水，切成小方块，撒上盐；香菇洗净切成片；枸杞泡发洗净。
2. 将豆腐块下入高温油中炸至金黄色。
3. 清汤、盐倒入锅内烧开，加淀粉勾成白汁芡，下入炸好的豆腐、茯苓、香菇片、枸杞炒匀即成。

豉酱蒸鸡爪

材料

鸡爪100克

调料

盐、糖、柱侯酱各2克，香油、葱油、豉汁各2毫升

做法

1. 将鸡爪下锅中炸熟。
2. 再上笼蒸30分钟至熟。
3. 待凉后对半切，加入调料调匀即可。

无花果煎鸡肝

材料

鸡肝3副，无花果干3粒

调料

白糖适量

做法

1. 鸡肝洗净，入沸水中氽烫，捞出压干。
2. 将无花果切小片。
3. 平底锅加热，加1匙油，将鸡肝、无花果放进去一起煎；
4. 白糖加小半碗水煮溶化，待鸡肝煎熟盛出，淋上糖液调味。

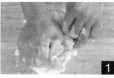

吉士馒头

材料

面团500克，吉士粉适量

调料

椰浆10毫升，白糖20克

做法

❶ 将吉士粉、椰浆、白糖加入面团中，揉匀，再擀成薄面皮。

❷ 将面皮从外向里卷起，至成长圆形。

❸ 将长圆形面团切成大约50克一个的小面剂。

❹ 放置醒发后，上笼蒸熟即可。

玫瑰八宝饭

材料

糯米50克，玫瑰豆沙100克，蜜饯50克

调料

白糖50克

做法

❶ 将糯米洗净备用。

❷ 锅中放入水，将糯米煮熟后取出，放凉，拌入白糖；玫瑰豆沙、蜜饯盛入碗内。

❸ 将饭放入碗内，入蒸笼内蒸2~3分钟，取出即可食用。

PART8

安神助眠食谱

　　儿童睡眠失调，包括难入睡、夜间多醒、夜间进食、睡眠周期提前或延迟，即睡得早、醒得早；睡得晚、醒得晚。睡眠失调和孩子的生理、心理及气质特点有关，是其自身的特点和外部环境，如父母的教育方式、周围环境扰乱的情况、食物过敏等因素相互作用的结果。家长应对孩子睡眠失调的情况给予足够的重视，采取必要措施来改善这种情况，保证孩子的身心健康。

0～1岁婴儿

新生儿是没有昼夜规律的，到其满月时才能逐步建立昼夜规律，即白天吃奶玩耍，夜间睡眠。父母帮助婴儿逐步建立昼夜规律，是养育婴儿很重要的一门功课。想要帮助婴儿入睡，在夜间喂奶时最好不开灯或光线稍微昏暗一些；白天，可适量添加以下安神助眠食品。

自制豆浆

材料
黄豆150克
调料
白糖适量
做法

❶ 黄豆洗净，浸泡2小时，取出，放入豆浆机中，加适量水，打成细末。

❷ 取纱布，反复揉搓，滤出豆汁，备用。

❸ 将豆汁放入锅中烧开，掠去浮沫，改小火煮沸，倒出放凉，加白糖搅匀即可。

糙米米浆

材料
糙米100克，水煮花生米50克
调料
糖浆10克
做法

❶ 糙米洗净，浸泡90分钟，捞出，沥干。

❷ 将糙米、水煮花生米放入搅拌器内，加入少许水，搅打至颗粒绵细。

❸ 用纱布滤出汁水，倒入锅中，大火烧开，捞出浮沫，再煮5分钟，加入糖浆即可。

百合粥

材料

粳米50克，鲜百合50克

调料

冰糖适量

做法

① 先将粳米洗净、泡发，备用。

② 将泡发的粳米倒入砂锅内，加水适量，用大火烧沸后，改小火煮40分钟。

③ 至煮稠时，加入百合，稍煮片刻，在起锅前加入冰糖即可。

莲子粥

材料

糯米100克，红枣10颗，莲子150克

调料

冰糖适量

做法

① 莲子洗净、去莲心；糯米淘净，加6杯水以大火煮开，转小火慢煮20分钟。

② 红枣洗净与莲子加入已煮开的糯米中续煮20分钟。

③ 等莲子熟软，加冰糖即可。

木瓜泥

材料

木瓜200克

调料

白糖少许

做法

① 木瓜去皮洗净，切开去籽。

② 用汤匙掏出果肉，放入研钵中，用汤匙碾压成泥。

③ 加入白糖拌匀即可。

香菇燕麦粥

材料

燕麦片60克，香菇、白菜各适量

调料

盐2克，葱8克

调料

1. 燕麦片泡发洗净；香菇洗净，切片；白菜洗净，切丝；葱洗净，切花。
2. 锅置火上，倒入清水，放入燕麦片，以大火煮开。
3. 加入香菇、白菜同煮至浓稠状，调入盐拌匀，撒上葱花即可。

牛奶玉米粥

材料

玉米粉80克，牛奶120毫升，枸杞少许

调料

白糖5克

做法

1. 枸杞洗净备用。
2. 锅置火上，倒入牛奶煮至沸后，缓缓倒入玉米粉，搅拌至半凝固。
3. 放入枸杞，用小火煮至粥呈浓稠状，调入白糖入味即可食用。

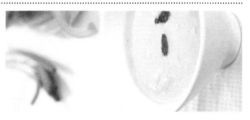

桂圆小米粥

材料

桂圆30克，小米100克

调料

红糖20克

做法

1. 将桂圆去壳取肉，与淘洗干净的小米一起入锅。
2. 加水800毫升，用大火烧开后转用小火。
3. 熬煮成粥，调入红糖即成。

香蕉泥

材料

香蕉1根，牛奶10毫升

做法

❶ 香蕉剥去表皮，放入碗中。

❷ 用小刀叉先将香蕉切碎，再压成泥。

❸ 倒入纯牛奶拌匀即可。

火龙果葡萄泥

材料

火龙果、葡萄各100克

做法

❶ 火龙果洗净，去皮；葡萄洗净，剥皮后去籽。

❷ 将火龙果放入碾磨器中磨成微粒状，与葡萄一起放入碗中。

❸ 取汤匙，碾碎葡萄，加入饮用水搅匀即可。

青菜枸杞牛奶粥

材料

青菜、枸杞、鲜牛奶各适量，大米80克

调料

白糖3克

做法

❶ 大米泡发洗净；青菜洗净，切丝；枸杞洗净。

❷ 锅置火上，倒入鲜牛奶，放入大米煮至米粒开花。

❸ 加入青菜、枸杞同煮至浓稠状，调入白糖拌匀即可。

2 ~ 3 岁幼儿

幼儿夜里能否睡得好与晚餐有一定关系。临床营养学家指出，导致睡眠障碍的原因之一，就是晚餐中吃了一些不宜的食物。那么究竟晚上吃什么有利于促进幼儿睡眠呢？您可以根据以下食谱，适量添加幼儿爱吃的食物。

红枣核桃仁枸杞汤

材料
红枣125克，核桃仁150克，枸杞50克

调料
白糖适量

做法
1. 将红枣去核；核桃仁用热水泡开，捞出沥干水；枸杞用水冲洗干净备用。
2. 锅中加水烧热，将红枣、核桃仁、枸杞放入，煲20分钟，再下入白糖即可。

猕猴桃芦笋汁

材料
猕猴桃、芦笋各150克

调料
果糖20克

做法
1. 猕猴桃洗净，对半切开，挖出果肉；芦笋洗净，切小丁。
2. 净锅注水烧热，将猕猴桃果肉、芦笋一起放入搅拌器中，搅匀后倒入锅中煮沸。
3. 加果糖煮至糖溶化，熄火待凉，用细筛网滤出汁水即可。

西蓝花菌菇汤

材料

西蓝花75克，菌菇125克，鸡脯肉50克

调料

高汤适量，盐4克

做法

① 将西蓝花洗净掰成小朵；菌菇洗净；鸡脯肉洗净切块，汆水备用。

② 净锅上火倒入高汤，下入西蓝花、菌菇、鸡脯肉煲至熟，调入盐即可。

陈醋蛋花汤

材料

鸡蛋2个

调料

盐3克，酱油2毫升，陈醋20毫升，香菜少许

做法

① 鸡蛋打散；香菜洗净，切成小段。

② 锅内注水烧至沸时，缓缓淋入鸡蛋液煮沸。

③ 煮至熟后，淋入陈醋，加入盐、酱油煮入味，撒上香菜，起锅装碗即可。

沙白白菜汤

材料

沙白300克，白菜250克

调料

盐、味精、姜末、葱末、香菜段、高汤各适量

做法

① 将沙白剖开洗净；白菜洗净，切段。

② 锅上火，加油烧热，爆香姜末、葱末，下入沙白煎2分钟至腥味去除。

③ 锅中加入高汤烧沸，下入沙白、白菜煲20分钟，调入调料即可。

百合雪梨粥

材料

雪梨、百合各20克，糯米90克

调料

冰糖20克，葱花少许

做法

1. 雪梨去皮洗净，切片；百合泡发，洗净；糯米淘洗干净，泡发半小时。
2. 锅置火上，注入清水，放入糯米，用大火煮至米粒绽开。
3. 放入雪梨、百合，改用小火煮至粥成，放入冰糖熬至融化后，撒上葱花即可。

甘蔗粥

材料

大米80克，甘蔗汁30克

调料

白糖5克

做法

1. 大米淘洗干净，再置于冷水中浸泡半小时后，捞出沥干水分。
2. 锅置火上，注入清水，放入大米，大火煮至米粒绽开后，倒入甘蔗汁焖煮。
3. 用小火煮至粥成后，调入白糖入味即可食用。

桂圆枸杞糯米粥

材料

桂圆肉40克，枸杞10克，糯米100克

调料

白糖5克

做法

1. 糯米洗净，用清水浸泡；桂圆肉、枸杞洗净。
2. 锅置火上，放入糯米，加适量清水煮至粥将成。
3. 放入桂圆肉、枸杞煮至粥成，加白糖稍煮，调匀便可。

红枣小米粥

材料

小米100克，红枣15克

调料

蜂蜜40克

做法

❶ 红枣洗净去核，切成碎末。

❷ 小米入清水中泡发、洗净。

❸ 再将小米加水煮开，加入红枣末、蜂蜜即可。

麦仁银鱼粥

材料

银鱼60克，麦仁50克，葱15克

调料

盐5克

做法

❶ 银鱼冲洗干净，沥干水分；麦仁洗净泡水1小时；葱择洗净切花备用。

❷ 锅中放入麦仁，加适量水，用大火煮开，转用小火煮至麦仁软烂。

❸ 加入银鱼，调入盐煮入味，撒上葱花拌匀即可。

银耳山药汤

材料

山药200克，银耳100克

调料

白糖15克，水淀粉1大匙

做法

❶ 山药去皮、洗净，切小丁；银耳洗净，用水泡2小时至软，然后去硬蒂，切细末。

❷ 砂锅洗净，所有材料放入锅中，倒入3杯水煮开，加入白糖调味，再加入水淀粉勾薄芡，搅拌均匀。

4～7岁学龄前儿童

　　学龄前儿童饮食应注意：首先，花生、杏仁、瓜子等整粒的坚果和豆类应煮烂、磨碎或制浆后再吃；其次，带刺的鱼、带骨的肉、带壳的虾蟹也要避免，应将骨、刺、壳去除干净后再给孩子吃；再者，含有咖啡因、酒精等的刺激性饮料和食物，如可乐、浓茶、咖啡、辣椒以及油炸食品等，均有碍睡眠，学龄前儿童不宜食用。

芋头豆苗汤

材料

小芋头250克，豆苗50克。

调料

盐5克，鸡精3克，香油5毫升，上汤200毫升，姜片5克

做法

❶ 小芋头去皮，洗净，豆苗洗净。油下锅，爆香姜片，下上汤烧沸，再将芋头烧透。

❷ 调入盐、鸡精，下豆苗烧熟。

❸ 倒入香油起锅，上碟即成。

奶油培根香菇汤

材料

培根10克，香菇15克

调料

奶油5克，黑胡椒粉少许

调料

❶ 香菇洗净，切成丁；培根洗净切成小块。

❷ 将香菇、培根放入水中，撒入黑胡椒粉煮大约5分钟。

❸ 起锅前放入奶油稍微熬煮即可。

翡翠鱼丁

材料

鱼肉300克，豌豆100克，红椒、蒜苗各少许

调料

盐3克，味精1克，醋8毫升，生抽10毫升

做法

❶ 鱼肉洗净，切成小丁；豌豆洗净；红椒洗净，切丁；蒜苗洗净，切段。

❷ 锅内加油烧热，放入鱼块翻炒至变色后，加入豌豆一起翻炒。

❸ 炒至熟后，加入红椒、蒜苗稍炒，加入盐、醋、生抽、味精调味，起锅装盘即可。

薄荷水鸭汤

材料

水鸭400克，薄荷100克

调料

生姜10克，盐5克，胡椒粉2克，鸡精3克

做法

❶ 水鸭洗净，斩小块；薄荷洗净，摘取嫩叶；生姜切片；入鸭块至沸水焯去血水，撇去浮沫，捞出。

❷ 净锅加油烧热，下入生姜、鸭块炒干水分，加入适量清水，倒入煲中煲30分钟，再下入薄荷叶、盐、胡椒粉、鸡精调匀即可。

桂圆胡萝卜粥

材料

桂圆肉、胡萝卜各适量，大米100克

调料

白糖15克

做法

❶ 大米泡发洗净；胡萝卜去皮洗净，切小块；桂圆肉洗净。

❷ 锅置火上，注入清水，放入大米用大火煮至米粒绽开。

❸ 放入桂圆肉、胡萝卜，改用小火煮至粥成，调入白糖即可食用。

双莲粥

材料

莲子30克，莲藕60克，红米40克，糯米30克

调料

红糖20克

做法

❶ 红米、糯米洗净后泡水2小时以上；莲子冲水洗净；莲藕洗净后去皮切片。

❷ 锅中放入红米、糯米、莲藕及适量水，用大火煮开后改用小火慢煮至米软。

❸ 再放入莲子煮半小时，调入红糖即可。

橘皮鱼片豆腐汤

材料

鲑鱼300克，橘皮半个，豆腐半块

调料

盐3克

做法

❶ 橘皮刮去部分内面白瓤（不全部刮净），洗净切细丝。

❷ 鲑鱼洗净，去皮切片；豆腐切小块。

❸ 锅中加3碗水煮开，下豆腐、鱼片，转小火煮约2分钟，待鱼肉熟透，加盐调味，撒上橘皮丝即可。

莲子白萝卜汤

材料

莲子30克，白萝卜250克

调料

白糖适量

做法

❶ 将莲子去心，洗净；白萝卜洗净，切片，备用。

❷ 锅内加适量水，放入莲子，大火烧沸，改用小火煮10分钟，再下萝卜片，小火煮沸5分钟。

❸ 调入白糖即成。

莴笋丸子汤

材料

猪肉500克，莴笋300克

调料

盐3克，淀粉10克，香油5毫升

做法

❶ 猪肉洗净，剁成泥状；莴笋去皮，洗净切丝。

❷ 猪肉加淀粉、盐搅匀，捏成肉丸子；锅中注水烧开，放入莴笋、肉丸子煮滚。

❸ 调入盐，煮至肉丸浮起，淋上香油即可。

莴笋鳝鱼汤

材料

鳝鱼250克，莴笋50克

调料

高汤适量，盐少许，酱油2毫升

做法

❶ 将鳝鱼洗净切段，氽水；莴笋去皮洗净，切块备用。

❷ 净锅上火倒入高汤，调入盐、酱油，下入鳝段、莴笋煲至熟即可。

咸蛋黄扒笋片

材料

咸蛋4个，莴笋300克，红椒3个，葱5克，姜5克

调料

花生油20毫升，盐3克，味精2克，淀粉3克

做法

❶ 莴笋去皮，洗净，切菱形薄片；红椒去蒂、去籽，切菱形片；姜切末备用；咸蛋煮熟，去壳，取蛋黄，切细丁备用。

❷ 锅上火，注入油烧热，爆香姜末，下莴笋、红椒翻炒至熟，调入盐、味精，盛入盘。

❸ 净锅上火，加少许水烧开，放入咸蛋黄丁，煮沸，下少许淀粉勾芡，将芡汁淋入盘内，撒上葱花，即可。

雪梨银耳瘦肉汤

材料

雪梨500克，银耳20克，猪瘦肉500克，红枣11颗

调料

盐3克

做法

❶ 雪梨去皮洗净，切成块状；猪瘦肉洗净，入开水中氽烫后捞出。

❷ 银耳浸泡，去除根蒂部硬部，撕成小朵，洗净；红枣洗净。

❸ 将1600毫升清水放入瓦煲内，煮沸后加入全部原料，大火煲开后，改用小火煲2小时，加盐调味即可。

玉米红枣瘦肉粥

材料
玉米50克，白果30克，猪瘦肉30克，大米50克，红枣20克

调料
盐1克，味精2克，葱10克，姜5克，香菜3克

做法

❶ 玉米洗净剥粒剁碎；白果洗净剁碎；猪瘦肉剁蓉；葱切花；姜切丝；香菜切末；红枣泡发；大米淘洗净备用。

❷ 砂锅中注水烧开，放入大米、玉米、白果、红枣煮开。

❸ 加入猪瘦肉煮熟，再放入调料煮匀即可。

苦瓜煎蛋

材料
鸡蛋1个，苦瓜50克

调料
盐3克

做法

❶ 将鸡蛋打入碗中搅拌均匀，加入适量盐调味。

❷ 苦瓜洗净后，剖开，去掉内瓤，切成薄片。

❸ 锅内水烧开，苦瓜焯水后捞出挤干水分，放入蛋液中拌匀。

❹ 锅内油烧热，倒入苦瓜蛋液，煎成两面金黄的蛋饼即可。

雪梨煎蛋

材料

雪梨1个，鸡蛋2个

调料

白糖适量

做法

❶ 取碗，将鸡蛋打入碗中。

❷ 雪梨去皮后将果肉切成丝状。

❸ 将雪梨丝在清水中稍浸泡后，捞出沥干。

❹ 锅内油烧热，把鸡蛋和雪梨丝拌匀倒入锅中，在两面均撒上糖，煎成蛋饼即可。

土豆胡萝卜沙拉

材料

土豆2个，水煮蛋1个，胡萝卜丁、玉米粒、黄瓜丁各30克，火腿丁45克，牛奶45毫升

调料

蛋黄酱2汤匙，盐5克

做法

❶ 土豆去皮洗净，煮熟后与水煮蛋一同切丁状。

❷ 将所有材料与调料混合拌匀。

豆浆炖羊肉

材料

生羊肉500克，山药200克，豆浆500毫升

调料

花生油、盐、姜片各适量

做法

❶ 将山药去皮切片，生羊肉洗净切成片。

❷ 将山药、羊肉和豆浆一起倒入锅中，加清水适量，再加入花生油、姜，上火炖2小时。

❸ 调入盐即可。

远志菖蒲鸡心汤

材料

鸡心300克，胡萝卜50克，葱2棵，远志15克，菖蒲15克

调料

盐3克

做法

1. 将远志、菖蒲装入棉布袋内，扎紧。
2. 将鸡心下入开水中氽烫，捞出备用；葱洗净，切段。
3. 胡萝卜削皮洗净，切片，将棉布袋和胡萝卜先入锅加1000毫升水煮汤。
4. 以中火烧至滚沸后继续煮至剩600毫升水，再加入鸡心煮沸，捞出棉布袋，加入葱段、盐调味即可。

芥菜青豆

材料

芥菜100克，青豆200克，红椒1个

调料

香油20毫升，盐3克，白醋5毫升，味精2克

做法

1. 芥菜择洗干净，过沸水后切成末；红椒去蒂、籽，切粒。
2. 青豆择洗干净，放入沸水中煮熟，捞出装入盘中。
3. 锅入油，加芥菜末，调入香油、白醋、盐、味精和青豆、红椒炒匀即可食用。

大白菜粉丝盐煎肉

材料

大白菜、五花肉各100克，粉丝50克

调料

盐、味精各3克，酱油10毫升，葱花8克

做法

❶ 大白菜洗净，切大块；粉丝用温水泡软；五花肉洗净，切片，用盐腌10分钟。

❷ 油锅烧热，爆香葱花，下猪肉炒变色，下白菜炒匀。

❸ 加入粉丝和少量开水，加酱油、盐、味精拌匀，大火烧开，再焖至汤汁浓稠即可。

土豆苦瓜汤

材料

土豆150克，苦瓜100克，无花果100克

调料

盐3克，味精2克

做法

❶ 将所有材料洗净。苦瓜去籽，切条；土豆去皮，切块。

❷ 锅中加水煮沸，加入无花果、苦瓜条、土豆块，一同放入锅内，用中火煮45分钟。

❸ 待熟后，用盐、味精调味即可。

清炒龙须菜

材料

龙须菜400克

调料

盐5克，味精、水淀粉各3克

做法

❶ 龙须菜切去尾部，清洗干净后切段。

❷ 锅中水烧沸，下入龙须菜汆烫片刻，捞出沥干水分。

❸ 锅中倒入少许油，下入龙须菜翻炒至熟，放入盐和味精炒匀，再用水淀粉勾芡即可。